1+X 职业技能鉴定考核指导手册

电切削工

五级

编审委员会

主　　任　仇朝东

委　　员　葛恒双　顾卫东　宋志宏　杨武星　孙兴旺
刘汉成　张　伟

执行委员　孙兴旺　张鸿樑　李　晔　瞿伟洁　戴　勇

中国劳动社会保障出版社

图书在版编目(CIP)数据

电切削工：五级/上海市职业培训研究发展中心组织编写．—北京：中国劳动社会保障出版社，2010

1+X 职业技能鉴定考核指导手册

ISBN 978-7-5045-8280-5

Ⅰ．电…　Ⅱ．上…　Ⅲ．电火花加工-金属切削-职业技能鉴定-教材　Ⅳ．TG661

中国版本图书馆 CIP 数据核字(2010)第 083070 号

中国劳动社会保障出版社出版发行

（北京市惠新东街 1 号　邮政编码：100029）

出版人：张梦欣

*

世界知识印刷厂印刷装订　　新华书店经销

787 毫米×960 毫米　16 开本　15 印张　244 千字

2010 年 5 月第 1 版　　2010 年 5 月第 1 次印刷

定价：26.00 元

读者服务部电话：010-64929211

发行部电话：010-64927085

出版社网址：http：//www.class.com.cn

前　言

职业资格证书制度的推行，对广大劳动者系统地学习相关职业的知识和技能，提高就业能力、工作能力和职业转换能力有着重要的作用和意义，也为企业合理用工以及劳动者自主择业提供了依据。

随着我国科技进步、产业结构调整以及市场经济的不断发展，特别是加入世界贸易组织以后，各种新兴职业不断涌现，传统职业的知识和技术也愈来愈多地融进当代新知识、新技术、新工艺的内容。为适应新形势的发展，优化劳动力素质，上海市人力资源和社会保障局在提升职业标准、完善技能鉴定方面做了积极的探索和尝试，推出了1+X培训鉴定模式。1+X中的1代表国家职业标准，X是为适应上海市经济发展的需要，对职业标准进行的提升，包括了对职业的部分知识和技能要求进行的扩充和更新。上海市1+X的培训鉴定模式，得到了国家人力资源和社会保障部的肯定。

为配合上海市开展的1+X培训与鉴定考核的需要，使广大职业培训鉴定领域专家以及参加职业培训鉴定的考生对考核内容和具体考核要求有一个全面的了解，人力资源和社会保障部教材办公室、中国就业培训技术指导中心上海分中心、上海市职业培训研究发展中心联合组织有关方面的专家、技术人员共同编写了《1+X职业技能鉴定考核指导手册》。该手册由“理论知识复习题”“操作技能复习题”和“理论知识模拟试卷及操作技能模拟试卷”三大块内容组成，书中介绍了题库的命题依据、试卷结构和题型题量，同时从上海市1+X鉴定题库中抽取部分理论知识题、操作技能试题和模拟样卷供考生参考和练习，便于考生能够有针对性地进行考前复习准备。今后我们会随着国家职业标准以及鉴定题库的提升，逐步对手册内容进行补充和完善。

本系列手册在编写过程中，得到了有关专家和技术人员的大力支持，在此一并表示感谢。

由于时间仓促，缺乏经验，如有不足之处，恳请各使用单位和个人提出宝贵意见和建议。

1+X职业技能鉴定考核指导手册

编审委员会

目　录

CONTENTS　1+X职业技能鉴定考核指导手册

电切削工职业简介

一、职业名称

电切削工。

二、职业定义

利用操作线切割、电脉冲或电火花机械设备，进行各种几何形状的型腔、模具电腐蚀及线切割加工的人员。

三、主要工作内容

从事的工作主要包括：（1）读图与绘图；（2）制定加工工艺；（3）零件定位与装夹；（4）电参数设定；（5）手工编程；（6）计算机辅助编程；（7）数控电切削机床操作；（8）零件加工；（9）零件测绘；（10）数控电切削机床维护和故障诊断。

第1部分

电切削工（五级）鉴定方案

一、鉴定方式

电切削工（五级）的鉴定方式分为理论知识考试和操作技能考核。理论知识考试采用闭卷计算机机考方式，操作技能考核采用现场实际操作方式。理论知识考试和操作技能考核均实行百分制，成绩皆达60分及以上者为合格。理论知识或操作技能不及格者可按规定分别补考。

二、理论知识考试方案（考试时间90 min）

题型、题量 题型	考试方式	鉴定题量	分值（分/题）	配分（分）
判断题	闭卷机考	60	0.5	30
单项选择题		140	0.5	70
小计	—	200	—	100

三、操作技能考核方案

操作技能考核分为两个方向，即电火花线切割方向和电火花成形方向。其中，电火花线切割、电火花成形两个方向在考核时由考生自行选择。

考核项目表

职业（工种）名称		电切削工（电火花线切割）		等级	五　级			
职业代码								
序号	项目名称	单元编号	单元内容	考核方式	选考方法	考核时间（min）	配分（分）
1	程序编制	1	凸凹模零件加工程序编制	操作	必考	30	40
2	零件加工	1	凸模零件加工	操作	必考	60	50
3	零件测绘	1	凸模零件测绘	操作	必考	30	10
合　计						120	100
备注	1. 电火花线切割编程软件目前采用 CAXA 线切割 XP、Heart－NC stand alone type version 3. 01S、ESPRIT 2010 选一 2. 零件加工目前采用夏米尔电火花线切割机床						

职业（工种）名称		电切削工（电火花成形）		等级	五　级		
职业代码							
序号	项目名称	单元编号	单元内容	考核方式	选考方法	考核时间（min）	配分（分）
1	程序编制	1	单型腔零件程序编制	操作	必考	30	40
2	零件加工	1	单型腔零件加工	操作	必考	60	50
3	零件测绘	1	单型腔零件测绘	操作	必考	30	10
合　计						120	100
备注	1. 程序编制软件目前采用 Microsoft Word 中文版 2. 零件加工目前采用沙迪克电火花成形机床						

第2部分

鉴定要素细目表

职业（工种）名称					电切削工	等级	五级
职业代码							
序号	鉴定点代码				鉴定点内容	备注	
	章	节	目	点			
	1				机电基础知识		
	1	1			机械制图		
	1	1	1		机械制图国家标准有关规定		
1	1	1	1	1	图纸幅面和格式		
2	1	1	1	2	图样的比例		
3	1	1	1	3	图样中的字体		
4	1	1	1	4	图样中的线型		
5	1	1	1	5	机械图样的尺寸注法		
	1	1	2		正投影法和物体的三视图		
6	1	1	2	1	正投影的概念		
7	1	1	2	2	正投影的基本特性		
8	1	1	2	3	物体三视图的形成		
9	1	1	2	4	三视图之间的投影关系		
	1	1	3		零件图的图形和尺寸		
10	1	1	3	1	零件的基本视图		
11	1	1	3	2	零件的剖视图		
12	1	1	3	3	零件的断面图		

续表

职业（工种）名称					电切削工	等级	五级
职业代码							
序号	鉴定点代码				鉴定点内容	备注	
	章	节	目	点			
13	1	1	3	4	零件的局部视图及局部放大图		
14	1	1	3	5	零件图尺寸标注基本要求		
	1	1	4		零件图的技术要求		
15	1	1	4	1	表面粗糙度在图样上的标注		
16	1	1	4	2	极限与配合在图样上的标注		
17	1	1	4	3	形状与位置公差在图样上的标注		
	1	1	5		简单零件工作图的识读		
18	1	1	5	1	看标题栏		
19	1	1	5	2	分析视图与零件的结构形状		
20	1	1	5	3	分析尺寸与技术要求		
	1	2			金属材料及钢的热处理		
	1	2	1		碳素钢（非合金钢）材料		
21	1	2	1	1	碳素钢分类		
22	1	2	1	2	碳素钢牌号		
23	1	2	1	3	碳素钢用途		
	1	2	2		合金钢材料		
24	1	2	2	1	合金钢分类		
25	1	2	2	2	合金钢牌号		
26	1	2	2	3	合金钢用途		
	1	2	3		铸铁材料		
27	1	2	3	1	灰铸铁牌号及应用		
28	1	2	3	2	球墨铸铁牌号及应用		
	1	2	4		有色金属材料		
29	1	2	4	1	常用铝合金牌号及应用		
30	1	2	4	2	常用铜合金牌号及应用		
	1	2	5		钢的热处理		

续表

<table>
<tr><td colspan="5">职业（工种）名称</td><td>电切削工</td><td rowspan="2">等级</td><td rowspan="2">五级</td></tr>
<tr><td colspan="5">职业代码</td><td></td></tr>
<tr><td rowspan="2">序号</td><td colspan="4">鉴定点代码</td><td colspan="2" rowspan="2">鉴定点内容</td><td rowspan="2">备注</td></tr>
<tr><td>章</td><td>节</td><td>目</td><td>点</td></tr>
<tr><td>31</td><td>1</td><td>2</td><td>5</td><td>1</td><td colspan="2">退火和正火的概念</td><td></td></tr>
<tr><td>32</td><td>1</td><td>2</td><td>5</td><td>2</td><td colspan="2">淬火和回火的概念</td><td></td></tr>
<tr><td>33</td><td>1</td><td>2</td><td>5</td><td>3</td><td colspan="2">钢的表面淬火</td><td></td></tr>
<tr><td>34</td><td>1</td><td>2</td><td>5</td><td>4</td><td colspan="2">钢的化学热处理</td><td></td></tr>
<tr><td></td><td>1</td><td>3</td><td></td><td></td><td colspan="2">常用机械零件</td><td></td></tr>
<tr><td></td><td>1</td><td>3</td><td>1</td><td></td><td colspan="2">连接件的知识</td><td></td></tr>
<tr><td>35</td><td>1</td><td>3</td><td>1</td><td>1</td><td colspan="2">螺纹及螺纹连接方式</td><td></td></tr>
<tr><td>36</td><td>1</td><td>3</td><td>1</td><td>2</td><td colspan="2">键连接方式</td><td></td></tr>
<tr><td>37</td><td>1</td><td>3</td><td>1</td><td>3</td><td colspan="2">销连接方式</td><td></td></tr>
<tr><td></td><td>1</td><td>3</td><td>2</td><td></td><td colspan="2">轴系零件相关知识</td><td></td></tr>
<tr><td>38</td><td>1</td><td>3</td><td>2</td><td>1</td><td colspan="2">轴</td><td></td></tr>
<tr><td>39</td><td>1</td><td>3</td><td>2</td><td>2</td><td colspan="2">轴承</td><td></td></tr>
<tr><td>40</td><td>1</td><td>3</td><td>2</td><td>3</td><td colspan="2">齿轮</td><td></td></tr>
<tr><td></td><td>1</td><td>4</td><td></td><td></td><td colspan="2">电工基础知识</td><td></td></tr>
<tr><td></td><td>1</td><td>4</td><td>1</td><td></td><td colspan="2">基本概念</td><td></td></tr>
<tr><td>41</td><td>1</td><td>4</td><td>1</td><td>1</td><td colspan="2">电流</td><td></td></tr>
<tr><td>42</td><td>1</td><td>4</td><td>1</td><td>2</td><td colspan="2">电压</td><td></td></tr>
<tr><td>43</td><td>1</td><td>4</td><td>1</td><td>3</td><td colspan="2">功率</td><td></td></tr>
<tr><td></td><td>1</td><td>4</td><td>2</td><td></td><td colspan="2">电阻</td><td></td></tr>
<tr><td>44</td><td>1</td><td>4</td><td>2</td><td>1</td><td colspan="2">电阻与电导</td><td></td></tr>
<tr><td>45</td><td>1</td><td>4</td><td>2</td><td>2</td><td colspan="2">电阻器的主要参数</td><td></td></tr>
<tr><td>46</td><td>1</td><td>4</td><td>2</td><td>3</td><td colspan="2">常用电阻器</td><td></td></tr>
<tr><td></td><td>1</td><td>4</td><td>3</td><td></td><td colspan="2">电路</td><td></td></tr>
<tr><td>47</td><td>1</td><td>4</td><td>3</td><td>1</td><td colspan="2">串联电路</td><td></td></tr>
<tr><td>48</td><td>1</td><td>4</td><td>3</td><td>2</td><td colspan="2">并联电路</td><td></td></tr>
<tr><td></td><td>2</td><td></td><td></td><td></td><td colspan="2">电切削加工工艺</td><td></td></tr>
</table>

续表

职业（工种）名称					电切削工	等级	五级
职业代码							
序号	鉴定点代码				鉴定点内容		备注
	章	节	目	点			
	2	1			电切削加工基础知识		
	2	1	1		电切削加工概述		
49	2	1	1	1	电切削加工的产生和发展		
50	2	1	1	2	电切削加工的基本原理		
51	2	1	1	3	电切削加工的物理本质		
52	2	1	1	4	电切削加工的基本工艺规律		
53	2	1	1	5	电切削加工的特点		
54	2	1	1	6	电切削加工的适用范围		
	2	2			常用电切削加工设备		
	2	2	1		设备种类		
55	2	2	1	1	电火花穿孔机		
56	2	2	1	2	电火花成形加工机		
57	2	2	1	3	电火花线切割机		
	2	2	2		电切削加工设备型号		
58	2	2	2	1	型号编制方法		
59	2	2	2	2	型号识读		
	2	2	3		电切削加工设备的组成		
60	2	2	3	1	高频脉冲电源		
61	2	2	3	2	数控装置		
62	2	2	3	3	工作台		
63	2	2	3	4	电极进给控制装置		
64	2	2	3	5	工作液循环过滤装置		
65	2	2	3	6	机体		
66	2	2	3	7	辅助装置		
	2	2	4		电切削加工机床常用附件		
67	2	2	4	1	常用附件名称		

续表

职业（工种）名称					电切削工	等级	五级
职业代码							
序号	鉴定点代码				鉴定点内容	备注	
	章	节	目	点			
68	2	2	4	2	常用附件规格		
69	2	2	4	3	常用附件应用		
70	2	2	4	4	使用规则		
71	2	2	4	5	常用附件维护与保养		
	2	3			电切削加工常用工、夹、量具		
	2	3	1		常用工具及使用方法		
72	2	3	1	1	旋具的使用方法		
73	2	3	1	2	扳手的使用方法		
74	2	3	1	3	试电笔的使用方法		
	2	3	2		常用夹具及使用方法		
75	2	3	2	1	钻夹头的使用方法		
76	2	3	2	2	弹簧夹头的使用方法		
77	2	3	2	3	压板的使用方法		
78	2	3	2	4	分度夹具的使用方法		
79	2	3	2	5	磁性夹具的使用方法		
	2	3	3		常用量具及使用方法		
80	2	3	3	1	钢直尺的使用方法		
81	2	3	3	2	游标卡尺的使用方法		
82	2	3	3	3	内、外径千分尺的使用方法		
83	2	3	3	4	百分表、千分表的使用方法		
84	2	3	3	5	杠杆式百分表的使用方法		
85	2	3	3	6	块规的使用方法		
86	2	3	3	7	塞规的使用方法		
	2	4			电切削加工件装夹		
	2	4	1		基准		
87	2	4	1	1	设计基准		

续表

职业（工种）名称					电切削工	等级	五级
职业代码							
序号	鉴定点代码				鉴定点内容		备注
	章	节	目	点			
88	2	4	1	2	工艺基准		
	2	4	2		定位		
89	2	4	2	1	正确获得预定位的方法		
90	2	4	2	2	工件定位的概念		
91	2	4	2	3	定位基准的选择原则		
	2	4	3		线切割加工件与电极位置的调整方法		
92	2	4	3	1	目测法		
93	2	4	3	2	打表法		
94	2	4	3	3	电阻法		
95	2	4	3	4	火花法		
	2	5			电切削加工电极		
	2	5	1		线切割加工电极		
96	2	5	1	1	钼丝		
97	2	5	1	2	黄铜丝		
98	2	5	1	3	复合丝		
	2	5	2		成形加工电极		
99	2	5	2	1	石墨电极		
100	2	5	2	2	紫铜电极		
	3				数控电火花线切割加工		
	3	1			电火花线切割加工编程		
	3	1	1		手动编程方法		
101	3	1	1	1	G 指令应用		
102	3	1	1	2	M 指令应用		
103	3	1	1	3	T 指令应用		
104	3	1	1	4	加工条件选择		
105	3	1	1	5	程序编制		

续表

职业（工种）名称					电切削工	等级	五级
职业代码							
序号	鉴定点代码				鉴定点内容	备注	
	章	节	目	点			
106	3	1	1	6	程序输入		
107	3	1	1	7	程序检查		
108	3	1	1	8	模拟加工		
109	3	1	1	9	零件编程实例分析		
	3	1	2		3B 指令编程方法		
110	3	1	2	1	3B 程序格式		
111	3	1	2	2	线段程序的编制方法		
112	3	1	2	3	圆弧程序的编制方法		
113	3	1	2	4	零件编程实例分析		
	3	1	3		自动编程方法		
114	3	1	3	1	常用编程软件		
115	3	1	3	2	常用软件编程界面		
116	3	1	3	3	零件材料的选用		
117	3	1	3	4	电参数选择		
118	3	1	3	5	程序的生成		
119	3	1	3	6	零件编程实例分析		
	3	2			电火花线切割加工机床操作		
	3	2	1		操作内容		
120	3	2	1	1	操作前检查		
121	3	2	1	2	开机顺序		
122	3	2	1	3	面板操作		
123	3	2	1	4	工作液注入		
	3	2	2		电极丝的安装与校正		
124	3	2	2	1	电极丝的安装		
125	3	2	2	2	电极丝的校正		
	3	2	3		凸模工件的装夹与校正		

续表

职业（工种）名称					电切削工	等级	五级
职业代码							
序号	鉴定点代码				鉴定点内容	备注	
	章	节	目	点			
126	3	2	3	1	工件装夹		
127	3	2	3	2	工件校正		
	3	2	4		工件与电极丝的定位		
128	3	2	4	1	角定位		
129	3	2	4	2	内径定位		
130	3	2	4	3	端面定位		
	3	2	5		加工零件		
131	3	2	5	1	输入或调用程序		
132	3	2	5	2	电规准选用		
133	3	2	5	3	画轨迹图		
134	3	2	5	4	试加工		
135	3	2	5	5	加工液的注入		
136	3	2	5	6	执行加工		
	3	3			电火花线切割加工零件的检测		
	3	3	1		常用检测工具		
137	3	3	1	1	游标卡尺检测零件线性尺寸		
138	3	3	1	2	千分尺检测零件线性尺寸		
139	3	3	1	3	内、外径千分尺检测零件线性尺寸		
140	3	3	1	4	百分表检测零件位置		
141	3	3	1	5	量规、塞规的应用		
	3	3	2		常用检测方法		
142	3	3	2	1	长度的检测		
143	3	3	2	2	垂直度的检测		
144	3	3	2	3	平行度的检测		
	3	4			安全文明生产		
	3	4	1		安全操作规程		

续表

职业（工种）名称					电切削工	等级	五级
职业代码							
序号	鉴定点代码				鉴定点内容		备注
	章	节	目	点			
145	3	4	1	1	安全标志符号的识别		
146	3	4	1	2	定期润滑		
147	3	4	1	3	工、量具的维护与保养		
	4				电火花成形加工		
	4	1			电火花成形加工基础知识		
	4	1	1		运动轴介绍		
148	4	1	1	1	运动轴的种类		
149	4	1	1	2	*X*、*Y*、*Z* 轴的定义		
	4	1	2		工作液知识		
150	4	1	2	1	工作液的种类		
151	4	1	2	2	工作液的作用		
	4	1	3		电火花成形加工电极		
152	4	1	3	1	石墨电极		
153	4	1	3	2	紫铜电极		
154	4	1	3	3	其他材料电极		
	4	2			电火花成形加工编程		
	4	2	1		手动编程方法		
155	4	2	1	1	G 指令应用		
156	4	2	1	2	M 指令应用		
157	4	2	1	3	T 指令应用		
158	4	2	1	4	初始加工条件的选择		
159	4	2	1	5	半精、精加工条件的选择		
160	4	2	1	6	程序编制		
161	4	2	1	7	程序输入		
162	4	2	1	8	程序检查		
163	4	2	1	9	零件编程实例分析		

续表

职业（工种）名称					电切削工	等级	五级
职业代码							
序号	鉴定点代码				鉴定点内容	备注	
	章	节	目	点			
	4	2	2		自动编程方法		
164	4	2	2	1	加工深度的选择		
165	4	2	2	2	放电面积的计算		
166	4	2	2	3	电极数量确定		
167	4	2	2	4	电极材料选择		
168	4	2	2	5	工件材料选择		
169	4	2	2	6	电极缩放量确定		
170	4	2	2	7	最终表面粗糙度确定		
171	4	2	2	8	摇动方式选择		
172	4	2	2	9	程序生成		
173	4	2	2	10	试加工		
174	4	2	2	11	零件编程实例分析		
	4	3			电火花成形加工机床操作		
	4	3	1		操作内容		
175	4	3	1	1	操作前检查		
176	4	3	1	2	开、关机顺序		
177	4	3	1	3	面板操作		
	4	3	2		电极的装夹与校正		
178	4	3	2	1	电极装夹		
179	4	3	2	2	电极校正		
	4	3	3		单型腔工件的装夹与校正		
180	4	3	3	1	工件装夹		
181	4	3	3	2	工件校正		
	4	3	4		工件与电极的定位		
182	4	3	4	1	外径定位		
183	4	3	4	2	内径定位		

续表

职业（工种）名称					电切削工	等级	五级
职业代码							
序号	鉴定点代码				鉴定点内容		备注
	章	节	目	点			
184	4	3	4	3	端面定位		
185	4	3	4	4	角定位		
	4	3	5		加工零件		
186	4	3	5	1	调用程序		
187	4	3	5	2	试加工		
188	4	3	5	3	工作液的注入		
189	4	3	5	4	执行加工		
	4	4			电火花成形加工零件的检测		
	4	4	1		常用检测工具		
190	4	4	1	1	游标卡尺的使用方法		
191	4	4	1	2	深度尺的使用方法		
192	4	4	1	3	千分尺的使用方法		
193	4	4	1	4	百分表的使用方法		
194	4	4	1	5	粗糙度样板的使用方法		
	4	4	2		常用检测方法		
195	4	4	2	1	长度的检测		
196	4	4	2	2	深度的检测		
197	4	4	2	3	平行度的检测		
198	4	4	2	4	粗糙度的检测		
	4	5			安全文明生产		
	4	5	1		安全操作规程		
199	4	5	1	1	安全标志符号的识别		
200	4	5	1	2	定期润滑		
201	4	5	1	3	工、量具的维护与保养		

第3部分

理论知识复习题

机电基础知识

一、判断题（将判断结果填入括号中。正确的填“√”，错误的填“×”）

1. 图框右下角必须要有一标题栏，标题栏中的文字方向为看图方向。（ ）

2. 比例是指图中的图形与实物相应要素的线性尺寸之比。（ ）

3. 图样中书写的汉字应为长仿宋体字。（ ）

4. 机件的可见轮廓线在图样中用粗实线画出。（ ）

5. 标注垂直尺寸时，尺寸数字的字头方向应朝右。（ ）

6. 投射线平行于投影面的平行投影法称为正投影法。（ ）

7. 直线平行于投影面的投影反映实形，这种性质叫类似性。（ ）

8. 用正投影法将物体向投影面投射所得的图形称为视图。（ ）

9. 零件上、下、左、右、前、后六个方位在主视图上都能反映。（ ）

10. 零件的结构形状表达方案中，左视图是核心。（ ）

11. 国家标准规定剖视图有全剖视图、半剖视图和重合剖视图。（ ）

12. 假想用剖切面将物体的某处切断，仅画出剖切面与物体接触部分的图形称为断面图。（ ）

13. 用大于原图形的比例绘出物体部分结构的图形为局部放大图。（ ）

14. 标注尺寸时，零件长、宽、高方向上至少要有一个基准。（ ）

15. 当零件所有表面具有相同的表面粗糙度要求时，可不标注表面粗糙度。（　）

16. 基孔制的孔称为基准孔，基本偏差代号为 H，下偏差为零。（　）

17. 在图样上标注形位公差时，被测要素与基准要素都用框格表示。（　）

18. 标题栏中可以看出零件的基本形状。（　）

19. 识读零件图时首先要了解视图的配置及其投影关系。（　）

20. 零件图上的技术要求应该包括作图的比例。（　）

21. 碳素钢按含碳量的多少可分为低碳钢、中碳钢、高碳钢。（　）

22. 45 钢的含碳量为 45%。（　）

23. 普通碳素结构钢可以用做机器中齿轮的材料。（　）

24. 40Cr 属于合金结构钢。（　）

25. 60Si2Mn 表示平均含碳量为 0.6%，含硅量约为 2%，含锰量小于 1.5%。（　）

26. 滚珠轴承钢和合金弹簧钢都可用于制造弹簧。（　）

27. HT200 表示灰铸铁，最小抗拉强度为 200 MPa，布氏硬度为 170～241HBW。（　）

28. 球墨铸铁的牌号和灰铸铁的牌号完全相同。（　）

29. 牌号 ZL105 表示硬铝。（　）

30. ZCuSn10Pl 为铸造锡青铜。（　）

31. 退火和正火的目的相同，完全可以相互替代。（　）

32. 淬火钢不能直接使用，必须及时回火。（　）

33. 感应加热表面淬火适用于单件、小批量生产。（　）

34. 氮化处理后的工件只有经过淬火其表面才能达到很高的硬度。（　）

35. 双头螺柱连接适用于被连接件之一较厚难以穿孔并经常拆装的场合。（　）

36. 平键的截面尺寸是根据轴的直径来选择的。（　）

37. 安全销是安全装置中的重要元件，通常是不承受载荷的。（　）

38. 常用来制造转轴的材料是铸铁。（　）

39. 深沟球轴承主要应用在有较大冲击的场合。（　）

40. 目前最常用的齿廓曲线是渐开线。（　）

41. 电流的形成是金属导体内自由电子运动的结果。（　）

42. 电压的正方向规定为电压降的方向。（　　）

43. 某元件的电阻为 200 Ω，对其加 20 V 电压后的功率为 1 W。（　　）

44. 导线的截面积越大，则它的电阻越大。（　　）

45. 对两个元件加相同的电压，电阻大的流过的电流小。（　　）

46. 电阻值与组成电阻材料的截面积成正比。（　　）

47. 两个 20 Ω 的电阻器串联连接，则总的等效电阻为 40 Ω。（　　）

48. 并联电路中所有元件流过的电流都一样。（　　）

二、单项选择题（选择一个正确的答案，将相应的字母填入题内的括号中）

1. 图纸幅面的代号为（　　）。

A. A0，A1，A2，A3，A4　　B. B0，B1，B2，B3，B4

C. A1，A2，A3，A4，A5　　D. B1，B2，B3，B4，B5

2. 在图纸上必须用（　　）画出图框，其格式分为留有装订边和不留装订边两种。

A. 细实线　　B. 点画线　　C. 粗实线　　D. 波浪线

3. 若采用缩小比例，图样上标注的应是机件的（　　）。

A. 缩小尺寸　　B. 实际尺寸　　C. 放大尺寸　　D. 比例

4. 比例 2∶1 是指图形是实物的 2 倍，属于（　　）。

A. 缩小比例　　B. 实际比例　　C. 原值比例　　D. 放大比例

5. 图样中书写的数字和字母，可写成（　　）。

A. 直体和斜体　　B. 黑体和斜体　　C. 宋体和斜体　　D. 直体和黑体

6. 图样中字体的号数可分为（　　）种。

A. 6　　B. 8　　C. 10　　D. 12

7. 图样中的对称中心线和轴线用（　　）画出。

A. 细实线　　B. 粗实线　　C. 细点画线　　D. 细虚线

8. 图样中，机件的不可见轮廓线用（　　）画出。

A. 波浪线　　B. 细双点画线　　C. 双折线　　D. 细虚线

9. 机械图样标注尺寸的三要素通常是指（　　）。

A. 尺寸界线、尺寸线及箭头、尺寸数字

B. 尺寸界线、尺寸线及箭头、字母

C. 尺寸线及箭头、尺寸数字、字母

D. 尺寸数字、尺寸界线、字母

10. 尺寸标注中的符号“φ”表示（　）。

A. 半径　B. 直径　C. 长度　D. 角度

11. 按正投影原理画出的图形叫（　）。

A. 平行投影　B. 中心投影　C. 正投影　D. 斜投影

12. 机械图样一般都采用正投影法绘制，因为正投影法（　）。

A. 度量好且图形漂亮　B. 度量好且作图简便

C. 作图简便且图形漂亮　D. 作图简便且正确率高

13. 正投影的基本特性有（　）。

A. 类似性、积聚性、放大性　B. 真实性、积聚性、类似性

C. 真实性、积聚性、放大性　D. 真实性、类似性、放大性

14. 平面平行于投影面的投影反映实形，这种性质叫（　）。

A. 积聚性　B. 类似性　C. 真实性　D. 放大性

15. 左视图所在的投影面称为（　）。

A. 正投影面　B. 水平投影面　C. 侧投影面　D. 左投影面

16. 主视图上可以反映零件长、宽、高三个方向尺寸中的（　）。

A. 长、宽、高　B. 长和宽　C. 高和宽　D. 长和高

17. 主、俯视图中相应投影的长度相等，简称（　）。

A. 长对正　B. 高平齐　C. 宽相等　D. 长相等

18. 俯视图上只能反映零件的（　）四个方位。

A. 上、下、左、右　B. 左、右、前、后

C. 上、下、前、后　D. 上、左、前、后

19. 绘制机件图样时通常优先选用（　）。

A. 主视图、仰视图、后视图　B. 主视图、俯视图、仰视图

C. 主视图、俯视图、左视图　D. 后视图、仰视图、俯视图

20. 通常将能充分显示零件形状特征的一面作为（　　）的投射方向。

A. 右视图　　B. 俯视图　　C. 左视图　　D. 主视图

21. 机械零件剖视图中的剖面线为间隔相等的平行（　）。

A. 粗实线　　B. 细实线　　C. 细点画线　　D. 波浪线

22. 局部剖视图的视图部分与剖视部分用（　　）分界。

A. 细点画线　　B. 细实线　　C. 波浪线　　D. 细虚线

23. 移出断面图的剖切平面应与被剖部分的轮廓线（　　）。

A. 平行　　B. 垂直　　C. 相交　　D. 倾斜

24. 重合断面图应画在视图之内，轮廓线用（　　）绘制。

A. 粗实线　　B. 粗点画线　　C. 细实线　　D. 细点画线

25. 当同一物体有几处被放大的部分时，要用（　　）依次标明被放大的部位。

A. 罗马数字　　B. 阿拉伯数字　　C. 英语字母　　D. 汉字

26. 局部放大图将会使图形清楚，便于看图和（　　）。

A. 简化图形　　B. 使图形整洁　　C. 标注尺寸　　D. 使图形合理

27. （　　）应从主要基准直接注出，以免加工误差的积累。

A. 次要尺寸　　B. 工艺尺寸　　C. 封闭尺寸　　D. 重要尺寸

28. 零件图尺寸标注基本要求是：（　）。

A. 具有合理性及考虑设计、工艺性　　B. 简单清晰及合理性

C. 考虑设计、工艺性及简单清晰　　D. 标注重要尺寸，省略次要尺寸

29. 表面粗糙度符号的尖端应该（　）指向表面。

A. 沿剖面线　　B. 从材料内　　C. 从材料外　　D. 沿任何线

30. 表面粗糙度反映了零件表面（　）的程度。

A. 微观不平　　B. 尺寸精度高低　　C. 硬度高低　　D. 形状复杂

31. 某基准孔的基本尺寸为 ϕ50 mm，标准公差为 8 级，则代号标注是（　　）。

A. ϕ50h8　　B. ϕ50H8　　C. ϕ50F8　　D. ϕ50f8

32. 某基准轴的基本尺寸为 ϕ40 mm，标准公差为 7 级，则代号标注是（　）。

A. ϕ40K7　　B. ϕ40H7　　C. ϕ40k7　　D. ϕ40h7

33. 下列（　）属于形状公差特征项目。

A. 平行度　B. 平面度　C. 垂直度　D. 对称度

34. 下列属于位置公差特征项目的是（　）。

A. 圆柱度　B. 直线度　C. 同轴度　D. 圆度

35. 下列不属于零件图上标题栏内的项目的是（　）。

A. 零件的形位公差　B. 零件的材料

C. 零件的名称　D. 作图的比例

36. 每张图纸的（　）必须画出标题栏。

A. 左下角　B. 左上角　C. 右下角　D. 右上角

37. 一张完整的零件图应包括下列四项内容：（　）。

A. 一组图形、技术要求、标题栏、零件的材料

B. 一组图形、完整的尺寸、技术要求、标题栏

C. 一组图形、完整的尺寸、技术要求、零件的材料

D. 一组图形、完整的尺寸、标题栏、零件的材料

38. 零件图中的图形只能表达零件的（　）。

A. 大小　B. 材料　C. 技术要求　D. 形状结构

39. 零件图中的技术要求除了尺寸公差、形位公差及表面粗糙度外，还要有（　）等。

A. 材料的热处理要求　B. 材料的牌号

C. 零件的质量　D. 零件的名称

40. 普通钢、优质钢、高级优质钢分类的依据是（　）。

A. 合金元素含量的高低　B. S、P 含量的高低

C. 含碳量的高低　D. Mn、Si 含量的高低

41. 钢按用途分为（　）。

A. 结构钢和工具钢　B. 结构钢和合金钢

C. 工具钢和合金钢　D. 碳素钢和合金钢

42. T8 钢的含碳量为（　）。

A. 0.08%　B. 0.8%　C. 8%　D. 80%

43. Q235钢就是（　　）。

A. 合金结构钢　　B. 优质碳素结构钢

C. 碳素工具钢　　D. 普通碳素结构钢

44. 冲模、丝锥、卡尺等受较小冲击的工具和耐磨机件可选用（　　）钢。

A. T10　　B. 45　　C. Q255　　D. 65

45. 齿轮、转轴等机械零件常采用（　　）钢。

A. Q235　　B. 45　　C. T12A　　D. 65

46. 合金结构钢可分为（　　）。

A. 工程结构用钢及机械制造用钢　　B. 机械制造用钢及合金弹簧钢

C. 工程结构用钢及合金弹簧钢　　D. 机械制造用钢及滚珠轴承钢

47. 合金工具钢包括（　　）。

A. 高速钢，刃具钢，量具钢　　B. 刃具钢，模具钢，量具钢

C. 高速钢，模具钢，刃具钢　　D. 量具钢，模具钢，轴承钢

48. 9SiCr属于（　　）。

A. 合金结构钢　　B. 合金工具钢　　C. 特殊性能钢　　D. 合金调质钢

49. 制造切削速度较高、负载较重、形状复杂的刃具用（　　）。

A. 碳素工具钢　　B. 低合金工具钢　　C. 高速钢　　D. 硬质合金

50. 制造冷冲模、冷压模等冷变形模具应选用（　　）。

A. Cr12MoV或Cr12　　B. W18Cr4V或W6Mo5Cr4V2

C. 5CrNiMo或3Cr2W8V　　D. 16Mn或15MnV

51. 要求承受压力和消振的床身、结构复杂的箱体及经受摩擦的导轨应采用（　　）制造。

A. 碳素钢　　B. 合金钢　　C. 铸铁　　D. 特殊性能钢

52. 铸铁是含碳量大于（　　）的铁碳合金。

A. 2.11%　　B. 3.11%　　C. 21.1%　　D. 31.1%

53. 下列各牌号中属于球墨铸铁的是（　　）。

A. HT250　　B. QT400－18　　C. 20Mn2B　　D. CrMn

54. 柴油机曲轴一般选择（　　）制造。

A. 碳素工具钢　　B. 合金工具钢　　C. 灰铸铁　　D. 球墨铸铁

55. 制造飞机上受力较大的结构件，如飞机大梁可采用（　　）。

A. 硬铝　　B. 超硬铝　　C. 锻铝　　D. 防锈铝

56. 铝合金根据其成分和加工特点可分为（　　）。

A. 锻铝和防锈铝　　B. 硬铝和超硬铝

C. 锻铝和铸造铝合金　　D. 形变铝合金和铸造铝合金

57. H70 属于（　　），可用来制造弹壳、散热器等。

A. 普通黄铜　　B. 特殊黄铜　　C. 锡青铜　　D. 白铜

58. 我国古代遗留下来的古镜、钟鼎之类的物体主要由（　　）制成。

A. 普通黄铜　　B. 锡青铜　　C. 白铜　　D. 特殊黄铜

59. 以消除残余内应力，防止变形和开裂为主的铸件、锻件、焊接件等应采用（　　）。

A. 完全退火　　B. 球化退火　　C. 去应力退火　　D. 再结晶退火

60. 钢退火后不能达到（　　）的目的。

A. 降低硬度　　B. 提高塑性和韧性

C. 消除残余内应力　　D. 提高疲劳强度

61. 为降低淬火应力，提高韧性，保持高硬度和耐磨性，钢淬火后应进行（　　）。

A. 高温回火　　B. 中温回火　　C. 低温回火　　D. 完全回火

62. 生产中将淬火和高温回火相结合的热处理工艺称为（　　）。

A. 调质处理　　B. 普通热处理　　C. 表面热处理　　D. 化学热处理

63. 工件通过表面热处理方式可达到（　　）的目的。

A. 表面具有高硬度、耐磨性，心部有足够的塑性、韧性

B. 表面有足够的塑性、韧性，心部具有高硬度、耐磨性

C. 表面硬度、耐磨性降低，心部有足够的塑性、韧性

D. 表面具有高硬度、耐磨性，心部塑性、韧性降低

64. 最常用的表面热处理方法有（　　）种。

A. 5　　B. 4　　C. 3　　D. 2

65. 渗碳后热处理一般是采用（　　）。

A. 淬火＋低温回火　　B. 淬火＋中温回火

C. 淬火＋高温回火　　D. 淬火＋退火

66. 可采用渗碳处理的钢有（　　）。

A. 灰铸铁和球墨铸铁　　B. 低碳钢和低碳合金钢

C. 中碳钢和中碳合金钢　　D. 高碳钢和高碳合金钢

67. 下列（　　）是常见的连接螺纹。

A. 单线左旋　　B. 单线右旋　　C. 双线左旋　　D. 双线右旋

68. 普通螺纹的标称直径指的是（　　）。

A. 螺纹大径　　B. 螺纹小径　　C. 螺纹中径　　D. 平均直径

69. 轴与齿轮轮毂之间用键连接的主要用途是（　　）。

A. 实现轴向固定并传递轴向力　　B. 实现轴向相对运动

C. 实现周向固定并传递转矩　　D. 实现周向相对滑动

70. 花键连接主要用于下列（　　）的场合。

A. 定心精度要求低和载荷较大　　B. 定心精度要求高和载荷较大

C. 定心精度要求低和载荷较小　　D. 定心精度要求高和载荷较小

71. 同一接合面上的定位销数目不得少于（　　）个。

A. 2　　B. 3　　C. 4　　D. 6

72. 连接销的作用是（　　）。

A. 固定零件之间的相互位置

B. 连接轴与轮毂或其他零件并传递不大的载荷

C. 安全装置中的过载剪断元件

D. 连接轴与轮毂或其他零件并传递较大的载荷

73. 轴肩与轴环的作用是（　　）。

A. 有利于轴的加工　　B. 使轴的外形美观

C. 对零件进行周向固定　　D. 对零件进行轴向定位和固定

74. 增大阶梯轴圆角半径的主要目的是（　　）。

A. 使零件的轴向定位可靠　　B. 使轴加工方便

C. 降低应力集中，提高轴的疲劳强度　　D. 使轴的外形更美观

75. 6310 轴承内圈的直径是（　　）mm。

A. 10　　B. 50　　C. 310　　D. 6 310

76. 滚动轴承的基本零件是（　　）。

A. 内圈、外圈、滚动体、保持架　　B. 内圈、外圈、滚动体

C. 内圈、外圈、保持架　　D. 外圈、滚动体、保持架

77. 直齿圆柱齿轮具有标准模数和标准压力角的圆是（　　）。

A. 齿顶圆　　B. 分度圆　　C. 基圆　　D. 齿根圆

78. 标准直齿圆柱齿轮的齿数是 30，分度圆直径是 75 mm，模数是（　　）mm。

A. 4　　B. 3.5　　C. 3　　D. 2.5

79. 在电源电压为 20 V，电阻为 200 Ω 的电路中，流过的电流为（　　）A。

A. 0.1　　B. 0.2　　C. 1　　D. 2

80. 形成电流的条件是（　　）。

A. 需要电源　　B. 需要闭合路径　　C. 需要负载　　D. 以上三者都需要

81. 电路中 A 点的电位为 15 V，B 点的电位为 7 V，则 AB 间的电压为（　　）V。

A. 15　　B. 7　　C. 8　　D. 22

82. 一个 100 Ω 的电阻上通过 1.5 A 的电流，则电阻上的电压为（　　）。

A. 15 V　　B. 150 V　　C. 1.5 V　　D. 1.5 kV

83. 某一电器使用 3 h 消耗了 6 度电，则该元件的功率为（　　）kW。

A. 1　　B. 2　　C. 3　　D. 4

84. 一个电阻为 2 kΩ 的电器，流过 2 A 的电流，则该电器的功率为（　　）kW。

A. 4　　B. 6　　C. 8　　D. 10

85. 若将一段电阻值为 R 的导线均匀拉长至原来的两倍，则其电阻值为（　　）。

A. $2R$　　B. $\frac{1}{2}R$　　C. $\frac{1}{4}R$　　D. $4R$

86. 某用电器的功率为 1 kW，流过 0.1 A 的电流，则电阻为（　　）kΩ。

A. 10　　B. 50　　C. 100　　D. 150

87. 对某元件加上 40 V 电压，流过 1 A 的电流，该元件的电导为（　　）S。

A. 40　　B. 1/40　　C. 20　　D. 1/20

88. 某用电器中流过的电流为 2 A，所加的电压为 200 V，则该用电器的电阻为（　　）Ω。

A. 50　　B. 80　　C. 100　　D. 150

89. 两根导线的电阻值都为 R，把两根导线并联在一起，则总的阻值为（　　）。

A. R　　B. $2R$　　C. $1/R$　　D. $\frac{1}{2}R$

90. 两根导线的电阻值都为 R，把两根导线串接在一起，则总的阻值为（　　）。

A. R　　B. $2R$　　C. $1/R$　　D. $\frac{1}{2}R$

91. 对于两个电阻的串联电路，下面选项中说法不正确的是（　　）。

A. 两个电阻中流过的电流相同　　B. 阻值大的电阻所加的电压大

C. 两个电阻的等效电阻最小　　D. 两个电阻的等效电阻最大

92. 两个电阻串联，一个 50 Ω 电阻上所加的电压为 100 V，则另一个 30 Ω 的电阻上所加的电压为（　　）V。

A. 100　　B. 80　　C. 60　　D. 40

93. 一个 60 Ω 和一个 30 Ω 电阻并联，则总的等效电阻为（　　）Ω。

A. 20　　B. 30　　C. 60　　D. 90

94. 对于两个电阻并联的电路，下面选项中说法不正确的是（　　）。

A. 两个电阻所加的电压相同　　B. 阻值大的电阻中流过的电流小

C. 两个电阻的等效电阻最小　　D. 两个电阻的等效电阻最大

电切削加工工艺

一、判断题（将判断结果填入括号中。正确的填“√”，错误的填“×”）

1. 电加工机床的主要用途之一是加工模具，产量随着模具生产量的增加而相应增长。（　　）

2. 电火花加工过程中，工具电极与工件之间不断产生脉冲放电，把金属熔化甚至气化而蚀除。（　）

3. 在液体介质小间隙中进行单个脉冲放电时，材料电腐蚀过程不需要形成放电通道。（　）

4. 电切削加工时，工件与工具的电腐蚀物相互转移，形成一定的覆盖层，称为变质层。（　）

5. 由于电火花是利用两极间脉冲放电进行加工的，所以不能对太硬的金属材料进行加工。（　）

6. 电切削加工十分适用于对各种非导电材料进行切削加工。（　）

7. 电火花穿孔加工的电极，其轮廓尺寸应与型孔尺寸相一致。（　）

8. 电火花成形加工机一般应由机体、脉冲电源、丝架、工作液过滤系统等组成。（　）

9. 电火花线切割机的机械本体包括床身、坐标工作台、平动头、自动进给调节机构等几部分。（　）

10. 电火花数控机床 DK7720 中的 20，表示工作台横向行程为 20 mm。（　）

11. 高频脉冲电源基本是交流双向的脉冲。（　）

12. 控制系统不需要人的“命令”即可控制机床进行加工。（　）

13. 电火花成形加工机床的工作台一般由丝杆螺母副带动移动。（　）

14. 伺服进给系统是控制工具电极和工件放电间隙的。（　）

15. 工作液循环过滤装置一般由泵、过滤器、阀、油箱及一些管路组成。（　）

16. 电火花加工机床的机体一般由 45 钢制成。（　）

17. 辅助装置包括油箱、油管及管接头、滤油器和蓄能器等。（　）

18. 平动头是电火花线切割加工机床常用附件之一。（　）

19. 平动头是利用偏心机构原理使工具电极作上下运动的，它是电火花成形加工机床的常用附件。（　）

20. 采用方箱作为装夹工件，主要适用于电火花成形加工的上冲油方式。（　）

21. 不停车调节的平动头，其偏心量可微量调节。（　）

22. 电火花成形加工时，常用油杯作为工作液上冲油的主要附件。（　）

23. 可以用锤子打击旋具手把来旋紧或松开带槽的螺钉。 （　）

24. 可以用大规格的扳手来旋紧小尺寸的螺钉或螺母，以增加锁紧力。 （　）

25. 校准工件时，需采用铜棒或橡皮榔头。 （　）

26. 对直径较小的圆柱形电极可用钻夹头装夹。 （　）

27. 弹簧夹头是靠定心夹紧元件的弹性变形原理制造的。 （　）

28. 采用压板压紧工件时，其夹紧点必须远离加工部位。 （　）

29. 工件在一次装夹中，由夹具上活动部分带动工件移动一定的距离，来完成多工位加工，称为回转式分度装置。 （　）

30. 磁性夹具具有装夹快但夹紧力不大的特点。 （　）

31. 钢直尺是用来测量长度的简单量具。 （　）

32. 游标卡尺能测量零件的长度、深度、内径、外径。 （　）

33. 0～25 mm 的外径千分尺的测量精度为 0.01 mm。 （　）

34. 指针式百分表主要用于零件长度的相对测量及表面形位误差的测量。 （　）

35. 指针式百分表是利用机械结构将被测工件的尺寸数值缩小后，通过读数装置表示出来的一种测量工具。 （　）

36. 杠杆式百分表主要用于长度的相对测量以及表面形状误差的测量。 （　）

37. 用杠杆式百分表测量零件的尺寸，一般采用比较法。 （　）

38. 块规是用来检测和校正加工件的普通量具。 （　）

39. 在进行相对测量时，块规可用于调整测量器具的零位。 （　）

40. 零件图上确定其他点、线、面位置的依据称为设计基准。 （　）

41. 零件在加工、测量和装配时所使用的基准称为设计基准。 （　）

42. 零件图上确定其他点、线、面位置的依据称为工艺基准。 （　）

43. 零件在加工、测量和装配时所使用的基准称为工艺基准。 （　）

44. 在普通车床上采用四爪单动卡盘装夹工件来找正加工部位的方法，称为直接找正法。 （　）

45. 在大批量生产时，为提高生产效率，应该采用直接找正法。 （　）

46. 加工前，将工件安置在机床或夹具上，使它占据一个正确位置的过程，称为

定位。（ ）

47. 加工前，将工件夹紧在机床或夹具上，称为定位。（ ）

48. 用毛坯上未经加工的表面作为定位基准，称为粗基准。（ ）

49. 用已经加工的表面作为定位基准，称为粗基准。（ ）

50. 对加工要求较低的工件，在确定电极丝与工件有关基线或基准面相互位置时，可利用目视法测定。（ ）

51. 利用穿丝孔处划出的十字线进行目测比不用十字线的精度高。（ ）

52. 利用百分表来调整工件的基准面与机床 X、Y 向的平行度，这种方法称为打表法。（ ）

53. 对加工要求较低的工件，工件的基准面与机床 X、Y 向的平行度不需要调整。（ ）

54. 利用电极丝与工件基准面由绝缘到短路接触的瞬间两者电阻突变的特点，来确定电极丝相对于工件的坐标位置，称为电阻法。（ ）

55. 采用电表法确定电极丝相对于工件的坐标位置，操作方便、灵敏、准确。（ ）

56. 利用电极丝与工件间存在一定间隙时发生火花放电来确定电极丝的坐标位置，称为火花法。（ ）

57. 利用电极丝与工件接触时发生火花放电来确定电极丝的坐标位置，称为火花法。（ ）

58. 从电火花的加工原理来说，任何导电材料都可以作为电极。（ ）

59. 钼丝作为电极材料，具有损耗小、价格低廉、使用方便的优点，但有不能反复使用的缺点。（ ）

60. 最普及的复合电极丝是在黄铜丝上镀覆锌层的电极丝。（ ）

61. 采用复合电极丝是为了提高加工速度及加工精度。（ ）

62. 采用黄铜丝作为电极材料，其损耗比紫铜小。（ ）

63. 慢走丝线切割机床一般采用黄铜丝作为电极丝。（ ）

64. 石墨作为电极材料具有电加工性能良好、密度小、容易成形修光的优点，所以在电火花成形加工中应用十分广泛。（ ）

65. 电火花成形加工，当以宽脉冲、大电流加工时，石墨材料不容易起弧烧伤工件表面。（　）

66. 紫铜电极的电加工性能好，不易起弧烧伤工件表面，制造时不易崩边塌角，特别适用于加工形状复杂、轮廓清晰、精度要求较高的型腔。（　）

67. 紫铜电极的机加工性能好，能够进行成形磨削加工。（　）

二、单项选择题（选择一个正确的答案，将相应的字母填入题内的括号中）

1. 电加工机床的主要用途是加工导电材料的零件和（　）零件。

A. 模具　B. 塑料　C. 木材　D. 纸质制品

2. 由于电加工在各种模具的加工中应用越来越广泛，电加工机床已发展成为（　）。

A. 通用机床　B. 特种机床　C. 专用机床

3. 电切削加工必须采用单相（　）电源。

A. 交流　B. 脉冲　C. 高压　D. 稳压

4. 电火花放电加工必须在具有一定（　）的液体介质中进行。

A. 导电性能　B. 黏度　C. 温度　D. 绝缘性能

5. 材料电腐蚀过程大致可分成三个连续的过程：介质击穿和通道形成，能量转换和传递以及（　）。

A. 电蚀产物抛出　B. 放电　C. 导电　D. 冷却

6. 在液体介质小间隙中进行单个脉冲放电时，材料（　）的过程大致可分成介质击穿和通道形成、能量转换和传递、电蚀产物抛出三个连续的过程。

A. 电腐蚀　B. 化学腐蚀　C. 切削　D. 挤压

7. 由于电火花放电的瞬时高温和液体介质的急速冷却作用，使工件的加工表面产生了一层与原来材料不同的（　）层。

A. 氧化　B. 脱碳　C. 变质　D. 金相

8. 按习惯，当阳极蚀除速度大于阴极时，其极效应称为（　）。

A. 阳极性　B. 阴极性　C. 正极性　D. 负极性

9. 电切削加工时，工具电极与工件表面不（　）。

A. 切削　B. 发热　C. 接触　D. 放电

10. 电切削加工时，在两极之间沿通道处形成一个瞬时高温热源，其温度一般可达（　　）℃。

A. 5 000　　B. 10 000　　C. 15 000　　D. 20 000

11. 对工件型腔面的电加工，一般采用（　　）加工形式。

A. 线切割　　B. 电磨削　　C. 成形　　D. 穿孔

12. 对凸模类零件型面的电加工，一般采用（　　）加工形式。

A. 线切割　　B. 电磨削　　C. 成形　　D. 穿孔

13. 用电火花穿孔机加工较大的孔时，应先用机械方法粗加工孔，留适当的加工余量，一般单边余量为（　　）mm。

A. 0.05～0.2　　B. 0.2～0.5　　C. 0.5～1　　D. 1～2

14. 电火花穿孔加工，常用来加工冲模、（　　）模和喷嘴上的各种小孔。

A. 弯曲　　B. 复合　　C. 拉丝　　D. 拉伸

15. 为保证电极与工件间始终保持一定的放电间隙，电火花成形加工机必须有（　　）机构。

A. 自动脉冲电流　　B. 自动进给调节

C. 自动上下平动　　D. 自动控制

16. 电火花成形加工机床一般多采用（　　）主轴头。

A. 电动　　B. 液压　　C. 气压　　D. 电子

17. 电火花线切割机床坐标工作台由两个步进电动机带动，控制器每发出一个进给脉冲信号，工作台就移动（　　）mm。

A. 0.001　　B. 0.005　　C. 0.01　　D. 0.1

18. 快走丝线切割机储丝机构的作用是保证电极丝能进行（　　）的高速运行。

A. 单向直线　　B. 单向曲线　　C. 往复循环

19. DK7725 表示为电火花数控机床，其中 D 表示为（　　）机床。

A. 线切割　　B. 成形　　C. 电解　　D. 电加工

20. DK7625 表示为电火花数控机床，其中 K 表示为（　　）机床。

A. 快速加工　　B. 宽速加工　　C. 数控加工　　D. 孔加工

21. DK7125表示为电火花数控机床，其中1表示为（　　）机床。

A. 高速走丝线切割　　B. 低速走丝线切割

C. 电火花成形　　D. 电火花穿孔

22. DK7625表示为电火花数控机床，其中6表示为（　　）机床。

A. 高速走丝线切割　　B. 低速走丝线切割

C. 电火花成形　　D. 电火花穿孔

23. 高频脉冲电源发出的脉冲电源波形宽度称为（　　）。

A. 脉宽　　B. 间隔　　C. 周期　　D. 单位时间

24. 高频脉冲电源必须有足够的（　　）输出，否则不能使金属熔化或气化。

A. 压力　　B. 电压　　C. 电流　　D. 功率

25. 控制系统是根据人的“命令”控制机床进行加工的，人的“命令”是指（　　）。

A. 程序　　B. 指令代码　　C. 加工参数　　D. 间隙补偿量

26. 控制系统是根据（　　）控制机床进行加工的。

A. 程序　　B. 指令代码　　C. 加工参数　　D. 间隙补偿量

27. 工作台是通过手动或步进电动机带动（　　），使其作纵、横向移动的。

A. 丝杆　　B. 导轨　　C. 台面　　D. 开合螺母

28. 工作台是通过手动或（　　）带动丝杆，使其作纵、横向移动的。

A. 步进电动机　　B. 液压马达　　C. 导轨　　D. 开合螺母

29. 伺服进给系统是不能控制工具电极和工件（　　）的。

A. 移动位置　　B. 移动方向　　C. 放电间隙　　D. 电流大小

30. （　　）不能用做伺服进给系统。

A. 步进电动机　　B. 直流伺服电动机

C. 交流伺服电动机　　D. 三相交流异步电动机

31. 为防止电火花加工时产生二次放电，必须对工作液进行（　　）处理后再循环使用，这个装置称为工作液循环过滤系统。

A. 更换　　B. 净化　　C. 渗透　　D. 细化

32. 电切削加工常用的工作液有（　　）、变压器油、去离子水等。

A. 机油　B. 牛油　C. 煤油　D. 盐水

33. 电火花成形加工机床的机体部分主要包括床身、立柱、（　　）、工作台及工作液槽等。

A. 平动头　B. 主轴头

C. 工作液循环过滤装置　D. 高频脉冲电源

34. 大部分电火花成形加工机床采用（　　）机体的形式。

A. 立式　B. 卧式　C. 简式　D. 台式

35. 电火花加工机床的油箱能用来（　　）。

A. 储油和散热　B. 储蓄能量　C. 储蓄流量　D. 储蓄压力

36. 电火花加工机床的储能器是用来（　　）的。

A. 储蓄能量　B. 储油　C. 散热　D. 过滤油液

37. 可调节电极角度夹头是电火花（　　）加工机床常用附件之一。

A. 线切割　B. 成形　C. 磨削　D. 仿形

38. 采用下冲油方式的电火花成形加工常用（　　）作为装夹工件的附件。

A. 压板　B. V形架　C. 油杯　D. 丝架

39. 为保证操作人员安全，可调节工具电极角度夹头部分应单独（　　）。

A. 使用　B. 操作　C. 绝缘　D. 调节

40. 平动头是一个使装在其上的电极能在（　　）面内产生向外机械补偿动作的工艺附件。

A. 水平　B. 垂直　C. 弯曲　D. 特形

41. 平动头的运动半径（　　）在加工过程中调节。

A. 可以　B. 不可以　C. 禁止

42. 平动头偏心量的调整范围按机床规格的不同而变化，一般为（　　）mm。

A. 1～2　B. 2～3　C. 3～4　D. 4～5

43. 平动头使用一段时间后，可用（　　）校对 X、Y 方向的偏心量是否有差异。

A. 游标卡尺　B. 千分尺　C. 百分表　D. 块规

44. 永磁吸盘使用完毕后，应保持其工作面的干净，定期清理，涂油（　　），不用时放在专用保管箱内。

A. 润滑　　B. 美观　　C. 防锈　　D. 乳化

45. 不停车调节平动头，其驱动电动机带动的蜗轮副是外露的，因此一定要用（　　）进行润滑，并经常注意除尘保洁。

A. 油脂　　B. 煤油　　C. 乳化液　　D. 汽油

46. 采用油杯定位工件时，为防止在油杯内积聚气泡，抽油抽气管应紧挨在工件的（　）。

A. 右侧　　B. 左侧　　C. 顶部　　D. 底部

47. 常用的旋具有（　　）和十字两种。

A. 人字　　B. 圆弧　　C. 八角　　D. 一字

48. 使用旋具时，应注意其头型和刃口宽度与被旋螺钉的（　　）和槽宽相符。

A. 头型　　B. 弧形　　C. 槽型　　D. 旋型

49. 旋紧或松开不同规格的外六角螺钉应该选用（　　）扳手。

A. 活　　B. 呆　　C. 内六角　　D. 套筒

50. 旋紧或松开内六角螺钉应该选用相应规格的（　　）扳手。

A. 活　　B. 呆　　C. 内六角　　D. 套筒

51. 校准工件的工具，可采用（　　）。

A. 钢制榔头　　B. 铜棒或橡胶榔头

C. 钢棒　　D. 扳手

52. 校准工件的工具，不可采用（　　）。

A. 钢制榔头　　B. 铜棒　　C. 橡胶榔头　　D. 铝棒

53. 钻夹头与钻床一般采用（　　）锥度的连接方法。

A. 标准　　B. 小　　C. 大　　D. 莫氏

54. 钻夹头一般用来装夹小于（　　）mm 的直柄麻花钻。

A. 13　　B. 15　　C. 18　　D. 21

55. 制造弹簧夹头的材料一般采用（　　）。

A. 高速钢　　B. 硬质合金　　C. 低碳钢　　D. 弹簧钢

56. 弹簧夹头头部的锥角对夹紧性能影响很大，一般取（　　）。

A. 11°　　B. 17°　　C. 30°　　D. 60°

57. 采用压板压紧工件时，其夹紧点必须（　　）加工部位。

A. 远离　　B. 靠近　　C. 大于　　D. 等于

58. 采用压板压紧工件时，其（　　）必须落在支撑元件所形成的支撑三角形内。

A. 夹紧方向　　B. 夹紧力大小　　C. 夹紧点

59. 分度夹具上使活动部分相对固定部分运动后能够得到准确的定位，以保证实现工件的分度要求，称为（　　）装置。

A. 固定　　B. 活动　　C. 对定　　D. 定位

60. 工件在分度夹具上的每一个加工位置，称为一个（　　）。

A. 位置　　B. 工序　　C. 工位　　D. 过程

61. 电磁工作台是利用导磁性材料制成的（　　）夹具。

A. 专用　　B. 可调　　C. 通用　　D. 组合

62. 由于电火花加工的宏观作用力不大，故可用永磁吸盘将底面较（　　）的工件吸住。

A. 大　　B. 小　　C. 方　　D. 圆

63. 普通钢直尺 0～50 mm 长度内的分度值一般为（　　）mm。

A. 0.1　　B. 0.25　　C. 0.5　　D. 1

64. 普通钢直尺测量长度的范围取决于钢直尺的规格，其长度规格一般为（　　）mm。

A. 0～150　　B. 0～200　　C. 0～400　　D. 0～600

65. 游标卡尺能测量零件的（　　）。

A. 倾斜度　　B. 垂直度　　C. 孔距　　D. 平面度

66. 内径千分尺的测头应该带有（　　）测量面。

A. 平面　　B. 尖头　　C. 球面　　D. 锥面

67. 指针式百分表表盘上的分度值每格为（　　）mm。

A. 0.001　　B. 0.005　　C. 0.01　　D. 0.02

68. 用杠杆式百分表测量工件的装夹位置时，一般采用（　　）法。

A. 计算　　B. 目测　　C. 比较　　D. 调整

69. 把块规组合成一定尺寸时，应从尺寸的（　　）位数字考虑。

A. 最前　　B. 第二　　C. 第三　　D. 最后

70. 按最大实体尺寸制造的轴用卡规端，称为（　　）。

A. 大端　　B. 小端　　C. 止端　　D. 通端

71. 在图纸上画一个同心圆，它的设计基准是（　　）。

A. 大圆　　B. 小圆　　C. 中心线　　D. 圆心

72. 测量工件已加工表面位置及尺寸时所依据的基准称为（　　）基准。

A. 定位　　B. 装配　　C. 测量　　D. 设计

73. 大批量生产中，为提高生产效率，保证加工精度，一般应该采用（　　）装夹法。

A. 直接　　B. 间接　　C. 划线　　D. 夹具

74. 工件定位后，为了使它在加工过程中能承受切削力、重力、惯性力的作用而定位不被破坏，还必须将它压紧夹牢，称为（　　）。

A. 压紧　　B. 夹牢　　C. 夹紧　　D. 装夹

75. 使尽可能多的加工工序采用同一个基准的定位方法，称为基准（　　）原则。

A. 统一　　B. 重合　　C. 互为　　D. 组合

76. 以下方法中（　　）不能用做精密零件的定位。

A. 目测法　　B. 打表法　　C. 讯响器法　　D. 电阻法

77. 打表法是利用（　　）来调整工件基准面与机床 X、Y 方向平行度的一种方法。

A. 游标卡尺　　B. 千分尺　　C. 百分表　　D. 块规

78. 确定电极丝相对于工件坐标位置的方法，有电表法、（　　）法等几种形式。

A. 电压　　B. 讯响器　　C. 电流　　D. 火花

79. 线切割时，当电极丝移近工件，使两极间达到一定的（　　）时，就产生火花，从而对工件进行切割。

A. 放电间隔　　B. 放电压力　　C. 放电脉冲　　D. 放电效应

80. 常用钼丝的直径一般为（　　）mm。

A. 0.03～0.05　　B. 0.05～0.10　　C. 0.10～0.18　　D. 0.20～0.30

81. 慢走丝线切割加工时一般采用黄铜丝作为电极丝，电极丝作单向（　　）运动，用一次就弃掉。

A. 高速　　B. 低速　　C. 往复　　D. 上下

82. 最普及的复合电极丝是在黄铜丝上镀覆（　　）的电极丝。

A. 金层　　B. 锌层　　C. 银层　　D. 钛合金层

83. 型腔电火花加工时，能使用的电极材料很多，其中重量最轻、适宜制作大型电极的是（　　）。

A. 紫铜　　B. 黄铜　　C. 铸铁　　D. 石墨

84. 紫铜电极具有电加工性能好，加工时电极损耗（　　）的特点。

A. 大　　B. 小　　C. 稳定　　D. 变化

数控电火花线切割加工

一、判断题（将判断结果填入括号中。正确的填“√”，错误的填“×”）

1. G 代码大体上可分为两种类型：模态和非模态。（　　）

2. 在同组的其他代码出现前，这个代码一直有效，称为模态，只对指令所在程序段起作用，称为非模态。（　　）

3. M02 代码是整个程序结束命令，其后的代码将不被执行。（　　）

4. 程序运行暂停，按 Enter 键后，程序接着运行也可采用 M02 代码。（　　）

5. T84 为打开液泵指令，T85 为关闭液泵指令。（　　）

6. T86 为启动走丝电动机指令，T87 为停止走丝电动机指令。（　　）

7. 用在程序中选择加工条件的代码为 C 代码（C×××）或 E 代码（E××××）。（　　）

8. 用在程序中选择加工条件的代码只能为 C 代码。（　　）

9. 补偿代码用 D×××或 H×××表示。（　　）

10. 补偿代码只能用 H×××表示。（　　）

11. 电火花线切割加工程序可用 ISO 代码或 B 代码编制。（　）

12. 电火花线切割加工程序只能用 ISO 代码编制。（　）

13. 电火花线切割加工程序只能用手工键盘输入。（　）

14. 电火花线切割加工程序可用手工键盘、磁盘和 U 盘、DNC、蓝牙等输入。（　）

15. 电火花线切割加工程序可在编辑状态下画轨迹图检查或在加工状态下用模拟加工检查。（　）

16. 电火花线切割加工程序只能在编辑状态下画轨迹图检查。（　）

17. 在任何位置上都能模拟加工。（　）

18. 模拟加工只能在加工的同一位置上进行。（　）

19. 用程序"B5000BB5000GXL1"来加工直线，其 3B 格式是正确的。（　）

20. 用程序"B5000BB5000GXL2"来加工直线，其 3B 格式是正确的。（　）

21. 3B 程序"B5000BB20000GYSR1"表示沿着 Y 坐标轴从第一象限开始加工直径为 5.0 mm 的逆圆弧。（　）

22. 3B 程序"B5000BB5000GXL1"表示沿着 X 坐标轴从第一象限加工长 5.0 mm 的直线段。（　）

23. 3B 程序编制，线段加工的方向有 4 个，分别是 L1、L2、L3、L4。（　）

24. 3B 程序编制，线段加工的计数长度是在哪个轴的投影长度长就取哪个。（　）

25. 用程序"B500BB2000GYSR1"来加工圆弧，其 3B 格式是正确的。（　）

26. 用程序"B500BB2000GXSR1"来加工圆弧，其 3B 格式是正确的。（　）

27. CAXA XP 线切割编程软件是常用可转换 3B 指令格式的软件。（　）

28. CAXA XP 线切割编程软件是只能用 3B 指令格式的软件。（　）

29. 常用编程软件都分 CAD 和 CAM 两部分。（　）

30. CAXA XP 线切割编程软件可生成 ISO 指令程序或 3B 指令程序。（　）

31. 任何零件材料都可选用电火花线切割加工。（　）

32. 凡是导电的材料都可选用电火花线切割加工。（　）

33. 电参数是根据被加工零件的材料、厚度、加工精度和表面粗糙度确定的。（　）

34. 电切削加工中，电参数无须进行选择，能加工任何导电材料。（　）

35. 3B 指令程序的生成是不需要考虑电极丝的半径和放电间隙的。（ ）

36. 3B 指令程序的生成是需要把电极丝的半径和单边放电间隙计算进去的。（ ）

37. 用程序“BB200B800GYNR4”来加工圆弧，其 3B 格式是正确的。（ ）

38. 用程序“B100B200B200GXL1”来加工圆弧，其 3B 格式是正确的。（ ）

39. 数控电火花线切割加工机床操作前必须检查其丝筒、换向开关、拖板、高频电源和工作液。（ ）

40. 数控电火花线切割加工机床操作前不需要检查就能开机加工。（ ）

41. 快走丝机床开机顺序：合上总闸，打开电源开关，操作系统启动完成后按任意键进入主菜单，再打开动力开关。（ ）

42. 快走丝机床关机顺序：按下电源开关按钮，按下机床电源总开关按钮。（ ）

43. BKDC 主菜单下有八个子菜单：F1 文件、F2 编辑、F3 测试、F4 设置、F5 人工、F6 语言、F7 运行、F8 编程。（ ）

44. 走丝机床的上丝、定位、移位一般都在 F5 人工菜单中进行。（ ）

45. 任何液体都能作为电火花线切割的工作液。（ ）

46. 快走丝线切割选用的工作液是乳化液。（ ）

47. 在丝筒的任意位置都能安装电极丝。（ ）

48. 电极丝安装好后不需要进行紧丝。（ ）

49. 安装好电极丝后，不需要进行校正就可进行加工。（ ）

50. 电极丝校正是通过找正基准块，手工调整 V、U 轴，放电看火花来进行的。（ ）

51. 工件装夹的位置应利于工件找正，夹紧螺钉高度要合适，夹紧力要均匀，不得使工件变形和翘起。（ ）

52. 工件装夹后，不必拉表找平行、垂直。（ ）

53. 工件找正的目的是为了保证切割型腔与工件外形或型腔与型腔之间有一个正确的位置关系。（ ）

54. 工件的定位面一般不需磨削加工、棱边倒钝和孔口倒角。（ ）

55. 角定位可通过手工放电目测法和接触感知法来进行。（ ）

56. 角定位时无须考虑电极丝的半径。（ ）

57. 内径定位孔口要倒角，热处理件切入处要去积盐及氧化皮。（　）

58. 内径定位孔口有毛刺，热处理件孔内有积盐及氧化皮不影响定位。（　）

59. 端面定位的面必须经过磨削加工，棱边要倒钝。（　）

60. 任何面都能进行端面定位，定位面无须经过磨削加工，棱边也无须倒角。（　）

61. 快走丝线切割的输入或调用程序只能用 3B 指令。（　）

62. 快走丝线切割程序的输入或调用可用 3B 指令或 ISO 指令。（　）

63. 电规准选用只对加工速度有影响，对加工精度没有影响。（　）

64. 电规准选用对加工速度和加工精度都有影响。（　）

65. 只要轨迹图正确，就一定能加工出合格的零件。（　）

66. 轨迹图检查正确，只是代表 NC 程序正确，并不一定能加工出合格的零件。（　）

67. 试加工要在工件安装定位完毕，程序检查正确后，在加工的同一位置上进行。（　）

68. 试加工在程序检查完毕后，在任何位置上都能进行。（　）

69. 加工前必须检查工作液的质量，调整工作液的流量。（　）

70. 一般来讲，快走丝线切割工作液采用的是冲液式，慢走丝线切割采用的是浸液式。（　）

71. 由于加工前准备工作都已完成，执行加工后操作人员可去干别的工作。（　）

72. 尽管加工前准备工作都已完成，但执行加工后操作人员也必须对加工过程进行观察，随时准备调整电规准。（　）

73. 对外形及内孔线性尺寸，尺寸精度在 0.02 mm 以下的可选用游标卡尺检测。（　）

74. 尺寸精度在 0.02 mm 以上的线性尺寸也可选用游标卡尺检测。（　）

75. 零件外形线性尺寸精度在 0.01 mm 以下可选用外径千分尺检测。（　）

76. 零件内径线性尺寸精度在 0.01 mm 以上也可选用外径千分尺检测。（　）

77. 在检测过程中要细心操作，避免计量器具碰撞和脱落。（　）

78. 对计量器具中的相对运动表面，应定期加注仪表油，以使各部分相对运动自如。（　）

79. 零件内形线性尺寸精度为0.001～0.01 mm可选用内径千分尺检测。（　）

80. 零件外径线性尺寸精度为0.001～0.01 mm也可选用内径千分尺检测。（　）

81. 圆形工件的圆度、同轴度、平面的平面度可用百分表检测。（　）

82. 检测精度在0.005 mm以下的工件可采用百分表检测。（　）

83. 量块是检验测量数据的重要器具。（　）

84. 选用量块应尽可能采用最少的块数，一般不超过四块。（　）

85. 凸模长度尺寸的检测，可根据尺寸精度不同选用游标卡尺或千分尺。（　）

86. 测量长方形和圆柱形工件，卡脚均应与工件正确接触，不能歪斜。（　）

87. 型腔垂直度的检测也可选用百分表和千分表。（　）

88. 工件垂直面的检测可使用百分表或千分表。（　）

89. 工件安装平行度的调整可选用百分表和千分表。（　）

90. 测量工件平面度时，测量杆轴线应平行于被测表面。（　）

91. 加工中不能触摸电极丝，有触电危险。（　）

92. 加工中能触摸电极丝和机床的任何部位，没有触电危险。（　）

93. 导轮轴承必须每天注油润滑两次。（　）

94. 工作台导轨和工作台丝杆也必须每天注油润滑。（　）

95. 工具用后要擦拭干净，磨损后应及时修正。（　）

96. 量具应经常保持清洁，用完后要在测量头上涂润滑防护脂，再放回盒内。（　）

二、单项选择题（选择一个正确的答案，将相应的字母填入题内的括号中）

1. 以下G代码中，（　）表示直线插补加工。

A. G00　　B. G01　　C. G02　　D. G03

2. 返回主程序，继续执行下一个程序段可采用（　）指令。

A. M00　　B. M02　　C. M98　　D. M99

3. 采用程序开始加工前，必须要用指令（　）启动走丝电动机。

A. T84　　B. T85　　C. T86　　D. T87

4. 加工参数中代表脉冲间隔的是（　）。

A. ON　　B. OFF　　C. IP　　D. SV

5. 补偿量是由（ ）组成的。

A. 电极丝的直径

B. 电极丝的半径

C. 电极丝半径、单边放电间隙

D. 电极丝半径、单边放电间隙、精加工余量

6. B指令编程的指令代码是由（ ）组成的。

A. B分隔符 B. J计数长度

C. G计数方向和Z加工指令 D. B、J、G、Z等指令

7. 快走丝线切割在（ ）状态下可进行程序输入。

A. 加工 B. 不加工 C. 什么状态都可以

8. 程序检查是在编辑状态下画轨迹图检查，同时还应该作（ ）检查。

A. 算坐标点 B. 模拟加工 C. 上机加工 D. 上机输入

9. 模拟加工最重要的是要在加工工件的（ ）位置上进行。

A. 同一 B. 任何 C. 不同 D. 多处

10. 用3B指令来加工第一象限的直线，请选择正确的加工方向："B2000B5000B5000GX（ ）"。

A. L1 B. L2 C. L3 D. L4

11. 以下3B加工指令中，（ ）代表顺圆第三象限。

A. NR3 B. L4 C. L3 D. SR3

12. 以下3B指令程序中，（ ）表示沿着X轴正方向加工。

A. B500BB500GXL1 B. BB500B500GYL2

C. B500BB500GXL3 D. BB500B500GYL4

13. 3B指令编制逆时针圆弧程序加工的方向有4个，以下（ ）表示逆圆第二象限加工。

A. SR2 B. NR1 C. NR2 D. SR4

14. 用3B指令来加工第一象限的斜线，请选择正确的计数方向："B5000B3000B5000（ ）L1"。

A. GY　　B. GX　　C. GZ　　D. GU

15. 常用可转换 3B 指令的编程软件是（　　）。

A. CAXA XP 线切割编程软件　　B. UTY 线切割编程软件

C. ESPRIT2008 线切割编程软件　　D. UG NX6

16. 可生成 3B 指令程序的软件是（　　）。

A. UG NX6.0　　B. CAXA XP　　C. PRE2008　　D. ESPRIT2008

17. 电火花线切割加工零件材料可选用碳素工具钢、合金工具钢、优质碳素结构钢、硬质合金、紫铜和（　　）等导电体。

A. 塑料　　B. 铝　　C. 木材　　D. 玻璃

18. 电参数是根据被加工零件的材料、厚度、（　　）和表面粗糙度确定的。

A. 圆度　　B. 平行度　　C. 加工精度　　D. 垂直度

19. 编制 3B 指令程序时，以下（　　）不需要写进程序。

A. 坐标位置　　B. 间隙补偿　　C. 加工方向　　D. 电规准

20. 用 3B 指令来加工第一象限的斜线，请选择正确的计数方向：“B400B6000B6000G（　　）L1”。

A. X　　B. Y　　C. Z　　D. U

21. 数控电火花线切割加工机床操作前必须检查丝筒、换向开关、拖板、高频电源和（　　）。

A. 工作液　　B. 电极丝　　C. 穿丝的正确性　　D. 工件安装位置

22. 快走丝机床开机时，必须首先合上（　　）开关。

A. 总闸　　B. 控制　　C. 任意键　　D. 机械

23. 快速作图切割检查，工件的切割加工是在（　　）菜单下进行的。

A. F8 编辑　　B. F4 设置　　C. F5 人工　　D. F7 运行

24. 工作液必须具备一定的（　　）、良好的洗涤性能、良好的冷却性能、良好的防锈能力，对环境无污染，对人体无害。

A. 绝缘性　　B. 导电性　　C. 传热性　　D. 耐腐蚀性

25. 运丝环节包括（　　）、配重、导轮、导电块，检查维护好这些环节是保证运丝平稳的条件。

A. 拖板　　B. 丝筒　　C. 步进电动机　　D. 丝杆

26. 电极丝校正是通过找正基准块，手工调整（　　）轴，放电看火花来进行的。

A. X　　B. Y　　C. V、U　　D. Z

27. 加工精度要求较高时，工件装夹后必须拉表找平行和（　　）。

A. 圆度　　B. 垂直　　C. 基准　　D. 平面

28. 工件的定位面要有良好的精度，一般以（　　）加工过的面定位为好，棱边倒钝，孔口倒角。

A. 磨削　　B. 刨削　　C. 锉削　　D. 铣削

29. 角定位时必须考虑（　　）。

A. 走丝速度　　B. 电极丝的半径　　C. 移动的位置　　D. 移动的速度

30. 内径定位孔口要倒角，热处理件切入处要去积盐及（　　）。

A. 进行表面处理　　B. 进行退火处理

C. 去氧化皮　　D. 去磁

31. 找正时注意感知表面要干净，电极丝上不要有残留的工作液，以免影响（　　）。

A. 定位精度　　B. 电极丝的定位　　C. 定位基准　　D. 定位平面

32. 快走丝线切割机床输入或调用程序可用手工键盘或（　　）。

A. 蓝牙　　B. 磁盘　　C. DNC　　D. U盘

33. 电规准是根据材料、工件厚度、加工（　　）来选用的。

A. 精度　　B. 垂直　　C. 基准　　D. 平面

34. 画轨迹图是为了检查零件的（　　）。

A. 形状　　B. 加工参数　　C. 加工次数　　D. 指令代码

35. 试加工要在工件安装定位完毕，程序检查正确后，在加工的（　　）上进行。

A. 任何位置　　B. 同一位置　　C. 机床　　D. 电脑

36. 加工前必须检查工作液的质量，调整工作液的上下（　　）。

A. 压力　　B. 流量　　C. 导热性　　D. 导电性

37. 执行加工后，应根据加工情况随时准备调整（　　）。

A. 工作液　　B. 电规准　　C. 导丝嘴　　D. 工件

38. 以下（　　）mm 档线性尺寸精度可用游标卡尺检测。

A. 0.01　　B. 0.04　　C. 0.005　　D. 0.008

39. 以下（　　）mm 档线性尺寸精度选用外径千分尺检测较合理。

A. 0.08　　B. 0.1　　C. 0.005　　D. 0.06

40. 以下（　　）mm 档线性尺寸精度选用内径千分尺检测较合理。

A. 0.08　　B. 0.1　　C. 0.005　　D. 0.06

41. 圆形工件的圆度、同轴度，平面的（　　）可用百分表检测。

A. 垂直度　　B. 平面度　　C. 表面粗糙度　　D. 精度

42. 选用量块应尽可能采用最少的块数，一般不超过（　　）块。

A. 10　　B. 8　　C. 6　　D. 4

43. 测量某一直径为 15.36 mm（公差 0～0.01 mm）的轴用下列（　　）量具。

A. 游标卡尺　　B. 外径千分尺　　C. 百分表　　D. 内径千分尺

44. 零件垂直度的常用测量方法是（　　）。

A. 覆盖法　　B. 光隙法　　C. 间接法　　D. 计算法

45. 工件安装平行度的检测除了可选用百分表外，对精度要求较高的还可选用（　　）量具。

A. 深度尺　　B. 游标卡尺　　C. 千分表　　D. 千分尺

46. 操作电火花线切割加工机床必须经过培训，了解（　　）才能上岗。

A. 编程过程　　B. 加工过程　　C. 操作规程　　D. 操作流程

47. 快走丝线切割机床每天需要加油润滑的是丝筒拖板导轨、丝筒拖板丝杆、（　　）。

A. 丝筒支架轴承　　B. 工作台丝杆　　C. 导轮轴承　　D. 工作台导轨

48. 量具、量仪用后应放置在（　　）中。

A. 专用保护盒　　B. 强磁场　　C. 高温箱　　D. 溶液

电火花成形加工

一、判断题（将判断结果填入括号中。正确的填“√”，错误的填“×”）

1. 工具电极的安装轴，可以作上下运动的轴系称为 X 轴。　（　）
2. 能以 Z 轴为中心进行数控分度旋转动作的轴系称为 U 轴。　（　）
3. 带动 Z 轴向下运动的动作称为 Z 轴的正方向运动。　（　）
4. 工具电极的安装轴，可以作上下运动的轴系称为 Z 轴。　（　）
5. 电火花成形加工的工作液通常采用乳化液。　（　）
6. 电火花成形加工的工作液，根据其来源和成分，大致分为天然石油的碳氢化合物和人工合成两大类。　（　）
7. 工作液起导电作用。　（　）
8. 工作液的作用是建立放电通道、疏散电蚀物、消除极间电离、冷却等。　（　）
9. 石墨电极常采用大峰值电流加工，一是减少损耗，二是提高加工效率。　（　）
10. 石墨材料大电流加工时，其损耗比铜要小得多，因此可以获得更大的加工速度。　（　）
11. 除了石墨材料外，用金属制作的电极称为紫铜电极。　（　）
12. 常用电极材料有紫铜、石墨、铜钨合金、银钨合金等。　（　）
13. 用绝缘材料制作的电极称为其他材料电极。　（　）
14. 电极材料要比工件材料硬。　（　）
15. G 指令是机床实施轨迹运行、坐标设置、原点复归、补偿方向等判断的命令。　（　）
16. G 指令是命令机床终止运行的指令。　（　）
17. G 指令是控制程序暂停或终止执行、调用子程序、回归主程序等功能的指令。　（　）
18. M04 是程序暂停指令。　（　）
19. T 指令是辅助指令，是执行诸如泵的开关、工作液的切换以及相关动作的指令。　（　）

20. T 指令是结束程序运行的命令。（ ）

21. 初始加工条件的选择原则是加工效率高、电极损耗小。（ ）

22. 初始加工条件的选择是影响放电质量好坏的因素。（ ）

23. 放电加工只要选择粗、精加工两条加工条件即可。（ ）

24. 最终精加工条件的选择，要使加工后的工件符合图样要求的精加工表面粗糙度要求。（ ）

25. “G90 G00 X0 Y0 Z1.0;”表示在相对坐标系下，刀具移动到加工开始的位置。（ ）

26. “G92 X0 Y0 Z0;”表示 X、Y、Z 零点设定。（ ）

27. “G90 A00 X5;”表示在绝对坐标系下，刀具移动到 X 轴 5 mm 的位置。（ ）

28. “G01 Z−1.0 M04;”表示沿 Z 轴直线加工 1 mm，加工后返回到开始位置。（ ）

29. 程序检查是指通过逐段运行，观察设备的运行状态是否符合设想动作从而检验程序是否正确。（ ）

30. 取消接触感知，移动到 Z 轴正方向 5 mm 的程序是“M05 G00 Z5.0;”。（ ）

31. 初始条件即为零件表面粗糙度要求。（ ）

32. 工件加工尺寸，长 10.00 mm，宽 10.00 mm，深（5.00±0.02）mm，表面粗糙度值为 R_{max} 6 μm，电极－工件为 Cu－St，为达到加工要求，加工条件的转换为 C150→C120→C110→C100。（ ）

33. 加工深度的设定，不用定义起始加工位置，直接输入加工深度即可。（ ）

34. 某零件加工深度为（6.00±0.02）mm，由于电火花加工为有损耗加工，故加工深度应按负公差加工。（ ）

35. 放电面积即电极的表面积。（ ）

36. 放电面积是指电极参与放电部分的投影面积。（ ）

37. 单电极平动加工法是一次装夹完成加工的。（ ）

38. 用几个形状不同、尺寸相同的电极加工同一型腔称多电极更换法。（ ）

39. 铜电极可以加工任何要求的工件。（ ）

40．工具电极的选择原则，是在满足加工工艺要求的前提下，兼顾经济性和材料来源等因素。（　）

41．工件材料主要是根据工件的用途来选择的，冲模电火花加工一般选用冷作模具用钢。（　）

42．型腔模电火花加工一般选用热作模具用钢。（　）

43．根据放电面积选择合适的放电能量，然后查出该放电能量的放电间隙，以最终成形尺寸减去放电间隙加上适当的保险系数即为电极的缩放量。（　）

44．工具电极单边间隙即加工后工件尺寸与电极尺寸之差。（　）

45．电火花加工工件的表面粗糙度通常用微观轮廓平面的轮廓算术平均偏差 R_a 表示。（　）

46．目测可以确定表面粗糙度值。（　）

47．采用摇动方式加工是为了修正侧面和底面的表面粗糙度及尺寸精度。（　）

48．加工圆柱形型腔可以采用矩形摇动方式。（　）

49．不必输入必要的条件也能生成正确的加工程序。（　）

50．自动编程必须输入放电面积、电极缩小量、最终表面粗糙度值、加工深度、电极数量、电极大致形状等信息。（　）

51．试加工可以通过设备空运行进行。（　）

52．试加工时可设置为与加工深度方向相同。（　）

53．某零件要求表面粗糙度值为 R_{max} 6 μm，电极的单边间隙为 0.1 mm，则加工条件的选择为 C100→C110。（　）

54．某零件为正方形，其摇动模式是 LN02。（　）

55．操作前应检查程序是否准确，运行轨迹范围内是否有异物，是否有干涉碰撞的可能，密封是否良好等。（　）

56．加工过程中工作液液面过低有引起火灾的危险。（　）

57．电火花线切割加工机床开、关机只需简单地开、关总闸即可。（　）

58．电火花线切割加工机床开机时直接打开动力开关即可。（　）

59．拆装工件也可以通过面板操作来完成。（　）

60. 电极与工件之间的定位可通过面板操作来完成。（　　）

61. 电极装夹时，如电极体积较大，应考虑电极夹具的强度和位置。（　　）

62. 在电极装夹前，不需注意被加工件的图样要求以及电极的位置和角度。（　　）

63. 电极校正可以用游标卡尺来测量。（　　）

64. 制作工具电极与电极柄要保持同一工艺基准。（　　）

65. 任何工件都可以用胶水固定。（　　）

66. 工件工艺基准与工作台移动方向应尽量平行。（　　）

67. 工件校正可以借助于游标卡尺进行。（　　）

68. 工件校正可以借助于杠杆式百分表或千分表进行。（　　）

69. 用游标卡尺可进行外径定位。（　　）

70. Q1520 是外径 X 方向找中心基准指令。（　　）

71. Q1410 是内径 Y 方向找中心基准指令。（　　）

72. 采用内径千分尺可正确进行内径定位。（　　）

73. “G80X−”是指沿 X 轴方向移动到可执行接触感知处。（　　）

74. 沿 Y 轴方向移动到可执行接触感知处的程序是“G80Y”。（　　）

75. 角定位是指先检查出工件的一个侧面，然后进行角定位的定位方法。（　　）

76. 角定位也可直接采用模块方法进行定位。（　　）

77. 调用程序是指找到程序存放的正确路径后打开该程序。（　　）

78. 调用子程序的指令是 M00。（　　）

79. 试加工时应设置为与加工深度方向相反。（　　）

80. 工作液放不出一定是试加工状态。（　　）

81. 合上密封门，调节油位高度控制器至合适的高度，然后注入工作液。（　　）

82. 任何状态下都可打开工作液注入油泵。（　　）

83. 执行加工前需要检查运行范围内是否有异物。（　　）

84. 执行加工前需要检查安全检测装置是否良好，程序是否正确，工作液是否充足。（　　）

85. 游标卡尺的读数部分由尺身读数和游标读数组成。（　　）

86. 游标卡尺读数时，卡尺应朝光亮的方向，使视线尽可能垂直于尺面。（　）

87. 深度千分尺可测量孔深、槽深等尺寸。（　）

88. 游标深度尺使用时，不需将尺架贴紧工件的平面。（　）

89. 测量不同精度等级的工件，应选用不同精度的千分尺。（　）

90. 千分尺测量前不需校对零位。（　）

91. 百分表应牢固地装夹在表架上，夹紧力不宜过大。（　）

92. 测量时，应使测量杆垂直于被测表面。（　）

93. 将表面粗糙度比较样块与被测零件表面进行比较，是定性评定零件表面粗糙度的一种方法。（　）

94. 用比较法评定表面粗糙度，不但精确而且简单。（　）

95. 长度尺寸可用百分表检测。（　）

96. 应根据被测件的尺寸和精度要求选择计量器具。（　）

97. 游标深度尺可测量台阶的高度。（　）

98. 三用游标卡尺不能测量深度。（　）

99. 平行度的检测可选用百分表。（　）

100. 游标高度尺可检测平行度。（　）

101. 测量表面粗糙度的常用方法有比较法和触针法。（　）

102. 比较法是利用表面粗糙度的一些特性，通过视觉和接触评定零件表面质量的一种方法。（　）

103. 电火花成形加工机床在与外部机器连接时，要使用光电缆。（　）

104. 电火花成形加工机床周围环境严禁烟火。（　）

105. 电火花成形加工机床，要定期对需润滑的摩擦表面加注润滑油，防止灰尘和异物等进入丝杆、导轨等摩擦表面。（　）

106. 电火花成形机床的润滑部位，一般是指机床上需要移动、转动、摩擦运动的各部分和部件。（　）

二、单项选择题（选择一个正确的答案，将相应的字母填入题内的括号中）

1. 能以 Z 轴为中心进行不间断旋转运动的轴系称为（　）轴。

A. X　　B. Y　　C. C　　D. U

2. 带动（　　）轴向下运动称为该轴的负方向运动。

A. X　　B. Y　　C. Z　　D. U

3. 电火花成形加工的工作液通常采用（　　）。

A. 煤油　　B. 乳化液　　C. 去离子水　　D. 蒸馏水

4. 电火花成形机“镜面加工”的工作液是（　　）。

A. 蒸馏水　　B. 乳化液　　C. 煤油　　D. 混粉加工液

5. 电极材料可以选用（　　）。

A. 胶木　　B. 陶瓷　　C. 玻璃　　D. 石墨

6. 用单质铜元素，纯度超过（　　）的材质制成的电极称为紫铜电极。

A. 99%　　B. 97%　　C. 95%　　D. 90%

7. 银钨合金电极在加工中（　　）。

A. 损耗大　　B. 损耗较大　　C. 没损耗　　D. 损耗小

8. 下列指令中，（　　）是接触感知指令。

A. G80　　B. G81　　C. G90　　D. G91

9. 下列指令中，（　　）是程序完成指令。

A. M00　　B. M02　　C. M04　　D. M05

10. 下列指令中，（　　）是执行工作液排出指令。

A. T82　　B. T83　　C. T84　　D. T85

11. 初始加工条件的选择原则是加工效率高、（　　）。

A. 电极损耗小　　B. 电流小

C. 脉冲放电时间短　　D. 脉冲间隔时间长

12. 在电火花成形加工过程中，随着电规准等级的提高，表面粗糙度要求进一步提高，加工速度随之（　　）。

A. 增加　　B. 降低　　C. 不变　　D. 先增后减

13. “G01 Z-5.0 M04;”表示 G01 是（　　）插补加工。

A. 顺圆　　B. 逆圆　　C. 直线　　D. 曲线

14. 下述程序中输入错误的是（　　）。

A. G00 G90 G54 XYZ1.0　　B. G01 Z−30；M04

C. G92 X0 Y0 Z0　　D. G01−5.0

15. 下述程序中正确的是（　　）。

A. G01 Z−1.0 M04　　B. G01 ZY−30.0 M04

C. G0220　　D. G0330

16. 在 Cr12 工件上加工出 25 mm×25 mm 深 5 mm 的型孔，初始加工条件选择为（　　）。

A. C150　　B. C100　　C. C800　　D. C820

17. 某零件图样上标注的加工深度为（5.00±0.02）mm，则加工深度应按（　　）mm 设定。

A. 4.96　　B. 4.98　　C. 5.00　　D. 5.02

18. 工件加工尺寸为长 10.00 mm，宽 10.00 mm，深 5.00 mm，电极收缩量为0.20 mm/单边，则加工放电面积为（　　）。

A. 9.20 mm^2　　B. 0.92 cm^2　　C. 1.00 cm^2　　D. 10.00 mm^2

19. 较为复杂的精密型腔表面，可根据型腔的几何形状把电极分解成主型腔电极和副型腔电极，分别加工有利于改善加工表面质量和（　　）。

A. 电极材料　　B. 工作液　　C. 冲油　　D. 提高加工速度

20. 进行高精度的电火花成形加工时，为了保持工具电极的尺寸精度和形状精度，必须选用电极损耗最低的材料，例如（　　）。

A. 石墨材料　　B. 铜

C. 铸铁　　D. 银钨合金和铜钨合金等

21. 碳素工具钢因其含碳量高，硬而耐磨，常用做工具、模具等，下列牌号中表示高级优质钢的是（　　）。

A. T7　　B. T7A　　C. T8　　D. T13

22. 对电火花加工零件表面粗糙度影响最大的是（　　）。

A. 加工面积　　B. 工件材料　　C. 电极材料　　D. 单个脉冲能量

23. 在 $X-Y$ 平面上方形自由摇动的指令是（　　）。

A. LN01　　B. LN11　　C. LN02　　D. LN12

24. 编制电火花成形加工程序，可在（　　）中自动生成 NC 程序。

A. 手动模块　　B. 加工模块　　C. 编程系统　　D. 设定模块

25. 试加工的作用是（　　）。

A. 检查定位是否正确　　B. 提高尺寸精度

C. 减少损耗　　D. 提高加工速度

26. 下述程序有误的是（　　）。

A. G00G90G55XY　　B. G01Z－5.0M04

C. C150LN02STEP19　　D. G01G00Z－1.0

27. 加工过程中将工作液液面设定为高于加工位置（　　）mm。

A. 10　　B. 20　　C. 30　　D. 50

28. 电火花成形加工机床关机顺序：先断开（　　）开关，保存所需程序，然后断开电源开关。

A. 动力　　B. 暂停　　C. 总闸　　D. 紧急停止

29. 面板操作中的坐标设置是在（　　）模块下进行的。

A. 编辑　　B. 加工　　C. 设定　　D. 手动

30. 电极装夹紧固时，对小型电极要注意（　　），不要用力过大。

A. 电极的精度　　B. 电极的变形　　C. 电极的形状　　D. 电极的基准

31. 电极水平基准校正时，必须在（　　）两个方向重复操作，才能保证水平基准校正的正确。

A. X 和 Y　　B. X 和 Z　　C. Y 和 Z　　D. Z 和 C

32. 工件装夹的位置应考虑（　　）。

A. 机床的极限位置　　B. 机床的精度

C. 电极的形状　　D. 电极的尺寸

33. 工件校正可以借助于（　　）。

A. 杠杆式百分表　　B. 千分尺　　C. 钢直尺　　D. 外径千分尺

34. Q1510 是外径（　　）方向找中心基准指令。

A. X　　B. Y　　C. Z　　D. U

35. Q1400 是（　　）方向找中心基准指令。

A. 内径 X、Y　　B. 内径 Y、Z　　C. 内径 X、Z　　D. 外径 X、Y

36. 使工具电极从任意方向与工件相接触，测出端面位置的定位方法称（　　）定位。

A. 端面　　B. 角　　C. 任意三点　　D. 外径

37. 检测工件的两个侧面，确定隅角的位置的定位方法称（　　）。

A. 端面定位　　B. 外径定位　　C. 内径定位　　D. 角定位

38. 返回主程序的指令是（　　）。

A. M98　　B. M05　　C. M00　　D. M99

39. 进行试加工时，机床的试加工功能键应设置为（　　）。

A. 0　　B. 1　　C. 2　　D. 3

40. 工作液排完才能（　　）。

A. 卸电极　　B. 卸工件

C. 打开工作液槽的门　　D. 编程

41. 执行加工前需要检查（　　）。

A. 电极材料　　B. 电极的形状

C. 工作液参数设置是否合理　　D. 工件的材料

42. 测量范围为 0～125 mm 的三用游标卡尺，它的游标分度值是（　　）mm。

A. 0.01　　B. 0.02　　C. 0.03　　D. 0.05

43. 游标深度尺用于测量（　　）。

A. 内径　　B. 外径　　C. 孔、槽的深度　　D. 孔距

44. 常用千分尺测微杆的螺距为（　　）mm。

A. 0.1　　B. 0.2　　C. 0.3　　D. 0.5

45. 百分表的分度值为（　　）mm。

A. 0.01　　B. 0.02　　C. 0.1　　D. 0.2

46. 表面粗糙度比较样块方法适宜检验（　　）。

A. 外表面　　B. 内表面　　C. 内孔　　D. 凹槽

47. 测量长度尺寸的常用计量器具有（　　）。

A. 深度千分尺　　B. 内径千分尺　　C. 百分表　　D. 游标卡尺

48. 游标深度尺主要适用于测量工件的（　　）。

A. 孔径　　B. 轴径　　C. 长度　　D. 孔的深度

49. 百分表的测量杆每移动 1 mm，指针应转（　　）周。

A. $\frac{1}{4}$　　B. $\frac{1}{3}$　　C. $\frac{1}{2}$　　D. 1

50. 表面粗糙度值越小，零件的（　　）。

A. 耐磨性越好　　B. 传动灵敏性越差

C. 加工越容易　　D. 精度越低

51. 工作液过滤器（　　）时，应及时更换。

A. 阻力增大　　B. 阻力减小　　C. 阻力不变　　D. 阻力为零

52. 对计量器具必须按时进行擦洗、保养，但它不是（　　）的主要措施。

A. 防止锈蚀　　B. 防止划伤　　C. 防止出现霉斑　　D. 预防变形

第 4 部分

操作技能复习题

电火花线切割

程序编制

一、凸凹模零件线切割编程（一）（试题代码[①]：1.1.2；考核时间：30 min）

1. 试题单

（1）操作条件

1）零件图样（图号 1.1.2）。

2）台式计算机。

3）电火花线切割编程仿真软件。

（2）操作内容

1）选择穿丝孔、起割点。

2）设定电参数。

3）绘制带斜度凸凹模零件图形。

4）生成带斜度凸凹模零件加工轨迹。

5）生成和保存带斜度凸凹模零件程序。

① 试题代码表示该试题在操作技能考核方案表格中的所属位置。左起第一位表示项目号，第二位表示单元号，第三位表示在该项目、单元下的第几个试题。

（3）操作要求

1）合理选择穿丝孔位置、起割点。

2）合理选择加工电参数。

3）合理使用编程软件，正确绘制零件图形。

4）按零件图样要求，正确生成零件加工轨迹和程序。

5）在指定盘建立一文件夹，文件夹名为考生准考证号，考试生成的文件保存至该文件夹。

2. 试题图 1.1.2

3. 评分表

试题代码及名称		1.1.2～1.1.15 凸凹模零件线切割编程			考核时间					30 min
评价要素		配分	等级	评分细则	评定等级					得分
					A	B	C	D	E	
1	工艺编排	10	A	穿丝孔、起割点、切割次数选择正确						
			B	穿丝孔、起割点、切割次数有 1 处不正确						
			C	穿丝孔、起割点、切割次数有 2 处不正确						
			D	穿丝孔、起割点、切割次数都不正确						
			E	未答题						
2	参数设置	10	A	电参数设定合理、正确						
			B	—						
			C	电参数设定正确，但起始段电参数不正确						
			D	电参数设定和起始段电参数都不正确						
			E	未答题						
3	CAD 绘图	10	A	内、外形零件绘制正确						
			B	内、外形零件绘制有 1 处不正确						
			C	内、外形零件绘制有 2～3 处不正确						
			D	内、外形零件绘制有 3 处以上不正确						
			E	未答题						
4	程序生成	10	A	加工轨迹和程序生成正确						
			B	加工轨迹和程序生成有 1 处不正确						
			C	加工轨迹和程序生成有 2～3 处不正确						
			D	加工轨迹和程序生成有 3 处以上不正确						
			E	未答题						
合计配分		40	合计得分							

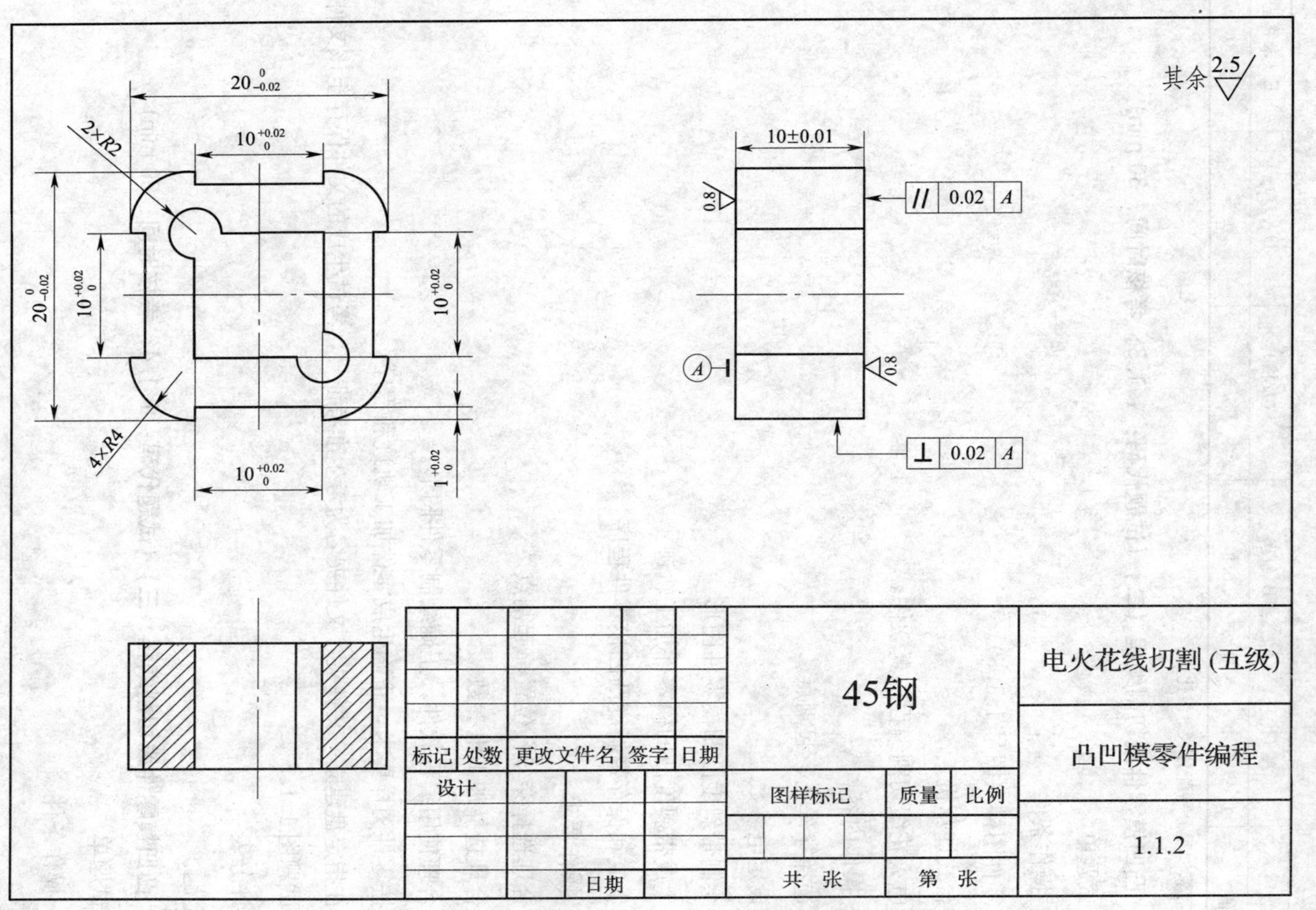

其余 2.5
20 0 -0.02
2×R2
10 +0.02 0
20 0 -0.02
10 +0.02 0
10 +0.02 0
4×R4
10 +0.02 0
1 +0.02 0
10±0.01
0.8
// 0.02 A
A
0.8
⊥ 0.02 A
45钢
电火花线切割（五级）
凸凹模零件编程
1.1.2
标记
处数
更改文件名
签字
日期
设计
日期
图样标记
质量
比例
共　张
第　张

等级	A（优）	B（良）	C（及格）	D（差）	E（未答题）
比值	1.0	0.8	0.6	0.2	0

“评价要素”得分＝配分×等级比值。

二、凸凹模零件线切割编程（二）（试题代码：1.1.3；考核时间：30 min）

1. 试题单

（1）操作条件

1）零件图样（图号 1.1.3）。

2）台式计算机。

3）电火花线切割编程仿真软件。

（2）操作内容

1）选择穿丝孔、起割点。

2）设定电参数。

3）绘制带斜度凸凹模零件图形。

4）生成带斜度凸凹模零件加工轨迹。

5）生成和保存带斜度凸凹模零件程序。

（3）操作要求

1）合理选择穿丝孔位置、起割点。

2）合理选择加工电参数。

3）合理使用编程软件，正确绘制零件图形。

4）按零件图样要求，正确生成零件加工轨迹和程序。

5）在指定盘建立一文件夹，文件夹名为考生准考证号，考试生成的文件保存至该文件夹。

2. 试题图 1.1.3

3. 评分表

同上题。

三、凸凹模零件线切割编程（三）（试题代码：1.1.4；考核时间：30 min）

1. 试题单

（1）操作条件

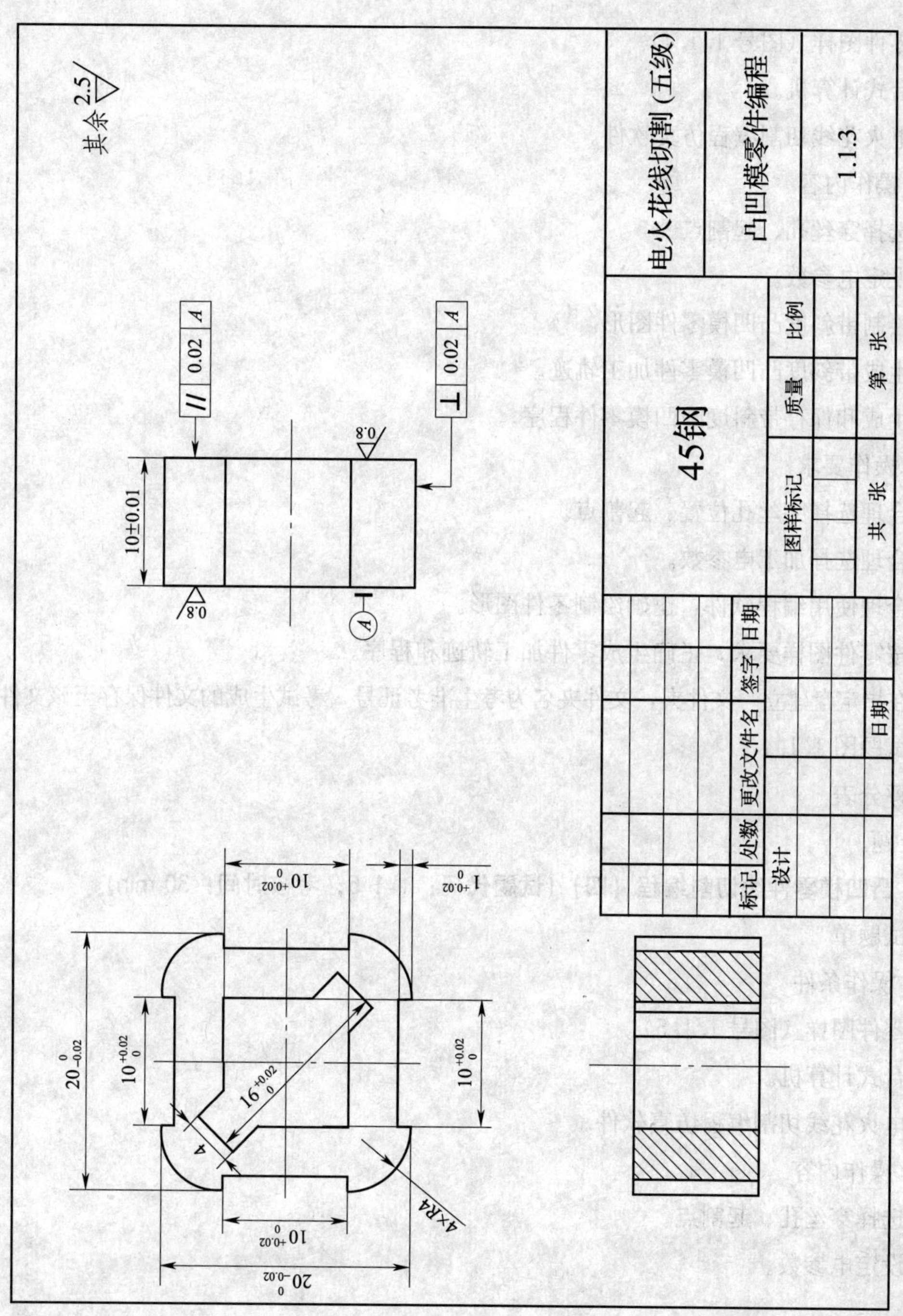
其余 2.5
// 0.02 A
⊥ 0.02 A
10±0.01
0.8
0.8
A
20 0 -0.02
10 +0.02 0
16 +0.02 0
10 +0.02 0
4
4×R4
10 +0.02 0
20 0 -0.02
10 +0.02 0
1 +0.02 0
电火花线切割(五级)
凸凹模零件编程
1.1.3
45钢
图样标记
质量
比例
共 张
第 张
标记
处数
更改文件名
签字
日期
设计
日期

1）零件图样（图号 1.1.4）。

2）台式计算机。

3）电火花线切割编程仿真软件。

（2）操作内容

1）选择穿丝孔、起割点。

2）设定电参数。

3）绘制带斜度凸凹模零件图形。

4）生成带斜度凸凹模零件加工轨迹。

5）生成和保存带斜度凸凹模零件程序。

（3）操作要求

1）合理选择穿丝孔位置、起割点。

2）合理选择加工电参数。

3）合理使用编程软件，正确绘制零件图形。

4）按零件图样要求，正确生成零件加工轨迹和程序。

5）在指定盘建立一文件夹，文件夹名为考生准考证号，考试生成的文件保存至该文件夹。

2. 试题图 1.1.4

3. 评分表

同上题。

四、凸凹模零件线切割编程（四）（试题代码：1.1.5；考核时间：30 min）

1. 试题单

（1）操作条件

1）零件图样（图号 1.1.5）。

2）台式计算机。

3）电火花线切割编程仿真软件。

（2）操作内容

1）选择穿丝孔、起割点。

2）设定电参数。

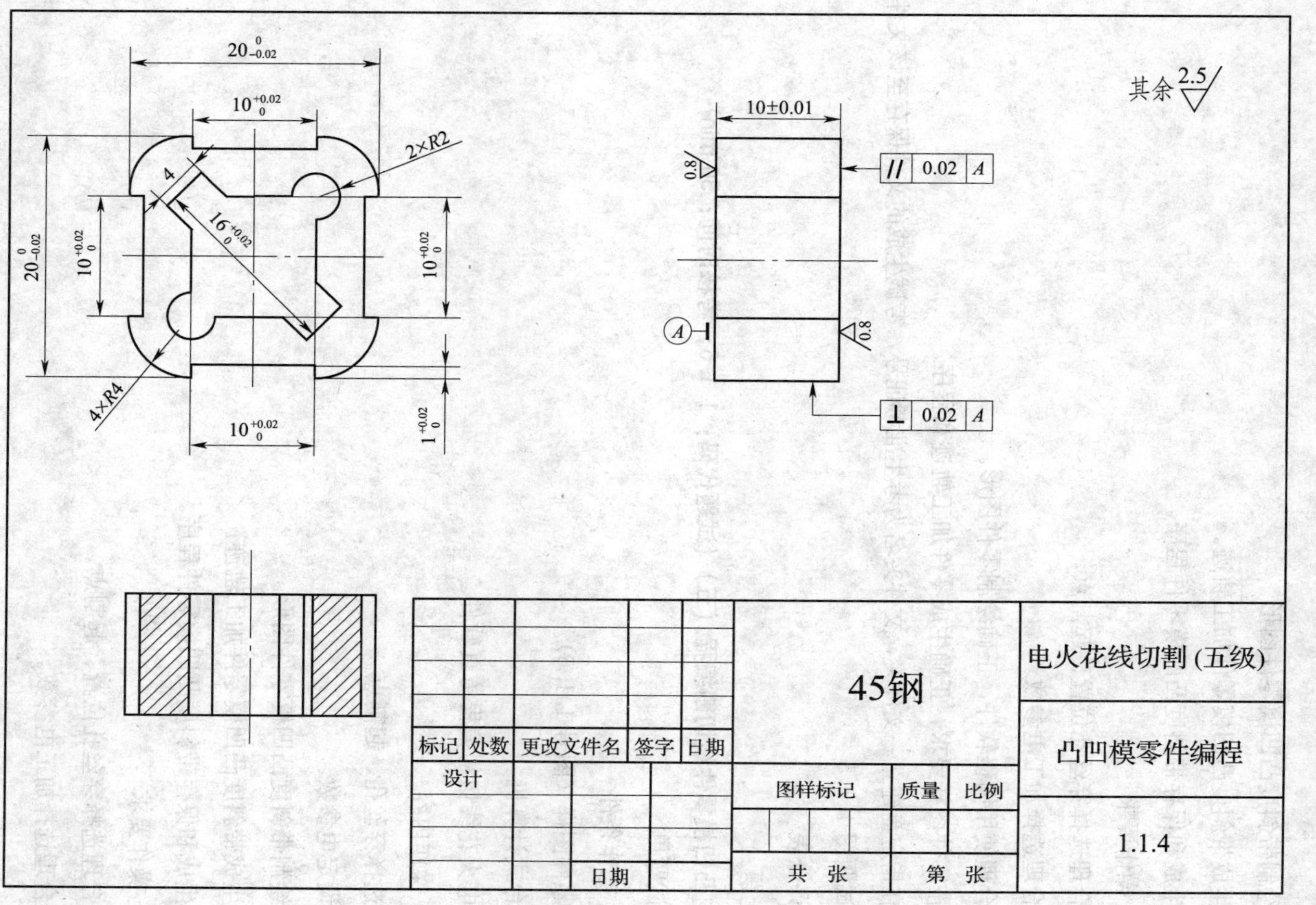
其余 2.5
20 0 -0.02
10 +0.02 0
2×R2
4
16 +0.02 0
4×R4
1 +0.02 0
10±0.01
0.8
// 0.02 A
⊥ 0.02 A
A
电火花线切割 (五级)
凸凹模零件编程
1.1.4
45钢
标记
处数
更改文件名
签字
日期
设计
图样标记
质量
比例
共　张
第　张

3）绘制带斜度凸凹模零件图形。

4）生成带斜度凸凹模零件加工轨迹。

5）生成和保存带斜度凸凹模零件程序。

（3）操作要求

1）合理选择穿丝孔位置、起割点。

2）合理选择加工电参数。

3）合理使用编程软件，正确绘制零件图形。

4）按零件图样要求，正确生成零件加工轨迹和程序。

5）在指定盘建立一文件夹，文件夹名为考生准考证号，考试生成的文件保存至该文件夹。

2. 试题图 1.1.5

3. 评分表

同上题。

五、凸凹模零件线切割编程（五）（试题代码：1.1.6；考核时间：30 min）

1. 试题单

（1）操作条件

1）零件图样（图号 1.1.6）。

2）台式计算机。

3）电火花线切割编程仿真软件。

（2）操作内容

1）选择穿丝孔、起割点。

2）设定电参数。

3）绘制带斜度凸凹模零件图形。

4）生成带斜度凸凹模零件加工轨迹。

5）生成和保存带斜度凸凹模零件程序。

（3）操作要求

1）合理选择穿丝孔位置、起割点。

2）合理选择加工电参数。

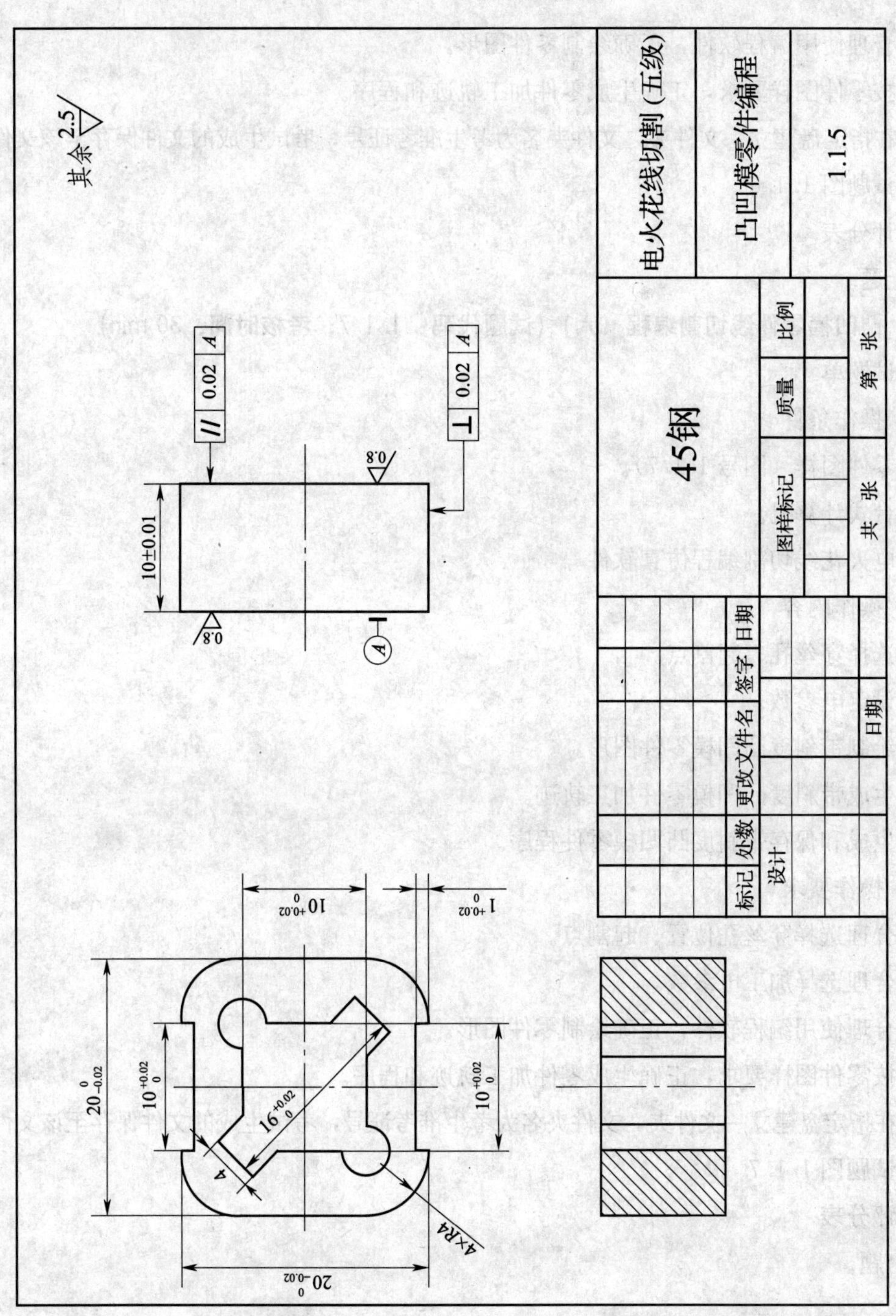

其余 2.5
0.02 A
0.02 A
10±0.01
0.8
0.8
A
20 0 -0.02
10 +0.02 0
16 +0.02 0
10 +0.02 0
4
4×R4
20 0 -0.02
10 +0.02 0
1 +0.02 0
电火花线切割 (五级)
凸凹模零件编程
1.1.5
45钢
图样标记
质量
比例
共　张
第　张
标记
处数
更改文件名
签字
日期
设计
日期

3）合理使用编程软件，正确绘制零件图形。

4）按零件图样要求，正确生成零件加工轨迹和程序。

5）在指定盘建立一文件夹，文件夹名为考生准考证号，考试生成的文件保存至该文件夹。

2. 试题图 1.1.6

3. 评分表

同上题。

六、凸凹模零件线切割编程（六）（试题代码：1.1.7；考核时间：30 min）

1. 试题单

（1）操作条件

1）零件图样（图号 1.1.7）。

2）台式计算机。

3）电火花线切割编程仿真软件。

（2）操作内容

1）选择穿丝孔、起割点。

2）设定电参数。

3）绘制带斜度凸凹模零件图形。

4）生成带斜度凸凹模零件加工轨迹。

5）生成和保存带斜度凸凹模零件程序。

（3）操作要求

1）合理选择穿丝孔位置、起割点。

2）合理选择加工电参数。

3）合理使用编程软件，正确绘制零件图形。

4）按零件图样要求，正确生成零件加工轨迹和程序。

5）在指定盘建立一文件夹，文件夹名为考生准考证号，考试生成的文件保存至该文件夹。

2. 试题图 1.1.7

3. 评分表

同上题。

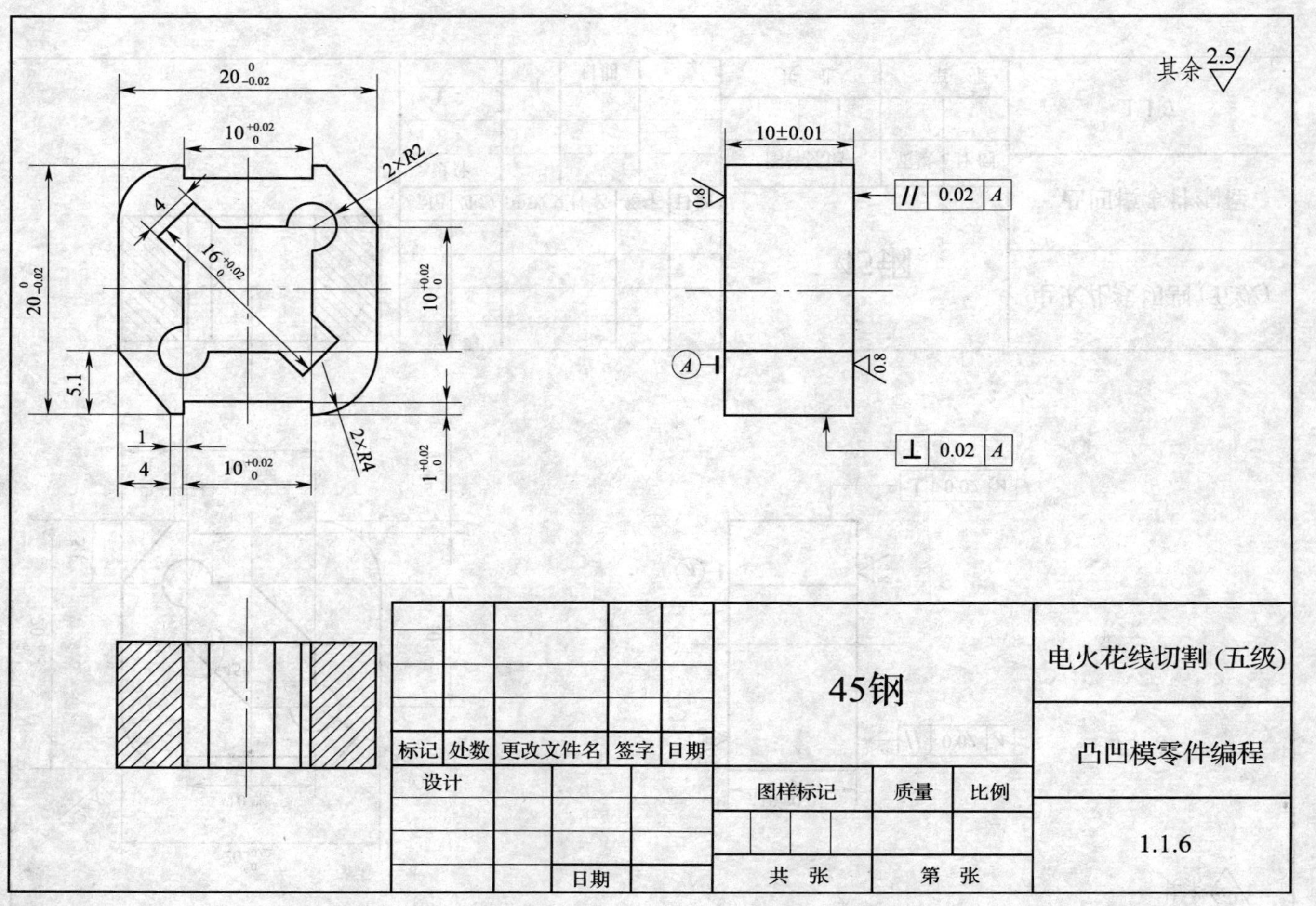

20 0 -0.02
10 +0.02 0
2×R2
4
16 +0.02 0
20 0 -0.02
10 +0.02 0
5.1
1
4
10 +0.02 0
2×R4
1 +0.02 0
10±0.01
0.8
// 0.02 A
A
0.8
⊥ 0.02 A
其余 2.5
45钢
电火花线切割（五级）
凸凹模零件编程
1.1.6
标记 处数 更改文件名 签字 日期
设计
日期
图样标记 质量 比例
共 张
第 张

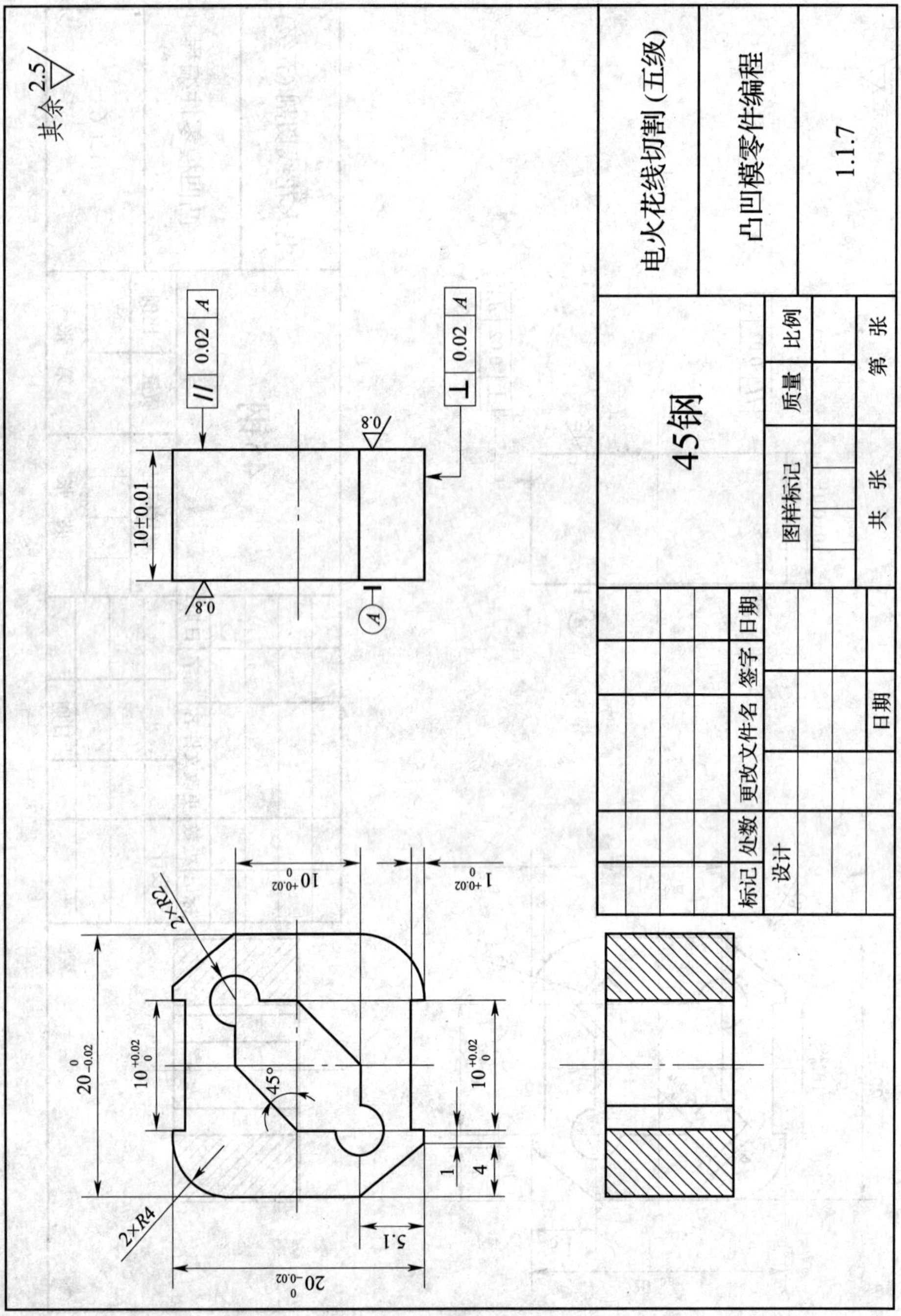

其余 2.5

$20^{0}_{-0.02}$

$10^{+0.02}_{0}$

2×R4

2×R2

45°

$20^{0}_{-0.02}$

$10^{+0.02}_{0}$

5.1

1

4

$10^{+0.02}_{0}$

$1^{+0.02}_{0}$

10±0.01

0.8

// 0.02 A

A

0.8

⊥ 0.02 A

标记	处数	更改文件名	签字	日期	45钢			电火花线切割 (五级)
设计					图样标记	质量	比例	凸凹模零件编程
		日期			共 张		第 张	1.1.7

七、凸凹模零件线切割编程（七）（试题代码：1.1.8；考核时间：30 min）

1. 试题单

（1）操作条件

1）零件图样（图号 1.1.8）。

2）台式计算机。

3）电火花线切割编程仿真软件。

（2）操作内容

1）选择穿丝孔、起割点。

2）设定电参数。

3）绘制带斜度凸凹模零件图形。

4）生成带斜度凸凹模零件加工轨迹。

5）生成和保存带斜度凸凹模零件程序。

（3）操作要求

1）合理选择穿丝孔位置、起割点。

2）合理选择加工电参数。

3）合理使用编程软件，正确绘制零件图形。

4）按零件图样要求，正确生成零件加工轨迹和程序。

5）在指定盘建立一文件夹，文件夹名为考生准考证号，考试生成的文件保存至该文件夹。

2. 试题图 1.1.8

3. 评分表

同上题。

八、凸凹模零件线切割编程（八）（试题代码：1.1.9；考核时间：30 min）

1. 试题单

（1）操作条件

1）零件图样（图号 1.1.9）。

2）台式计算机。

3）电火花线切割编程仿真软件。

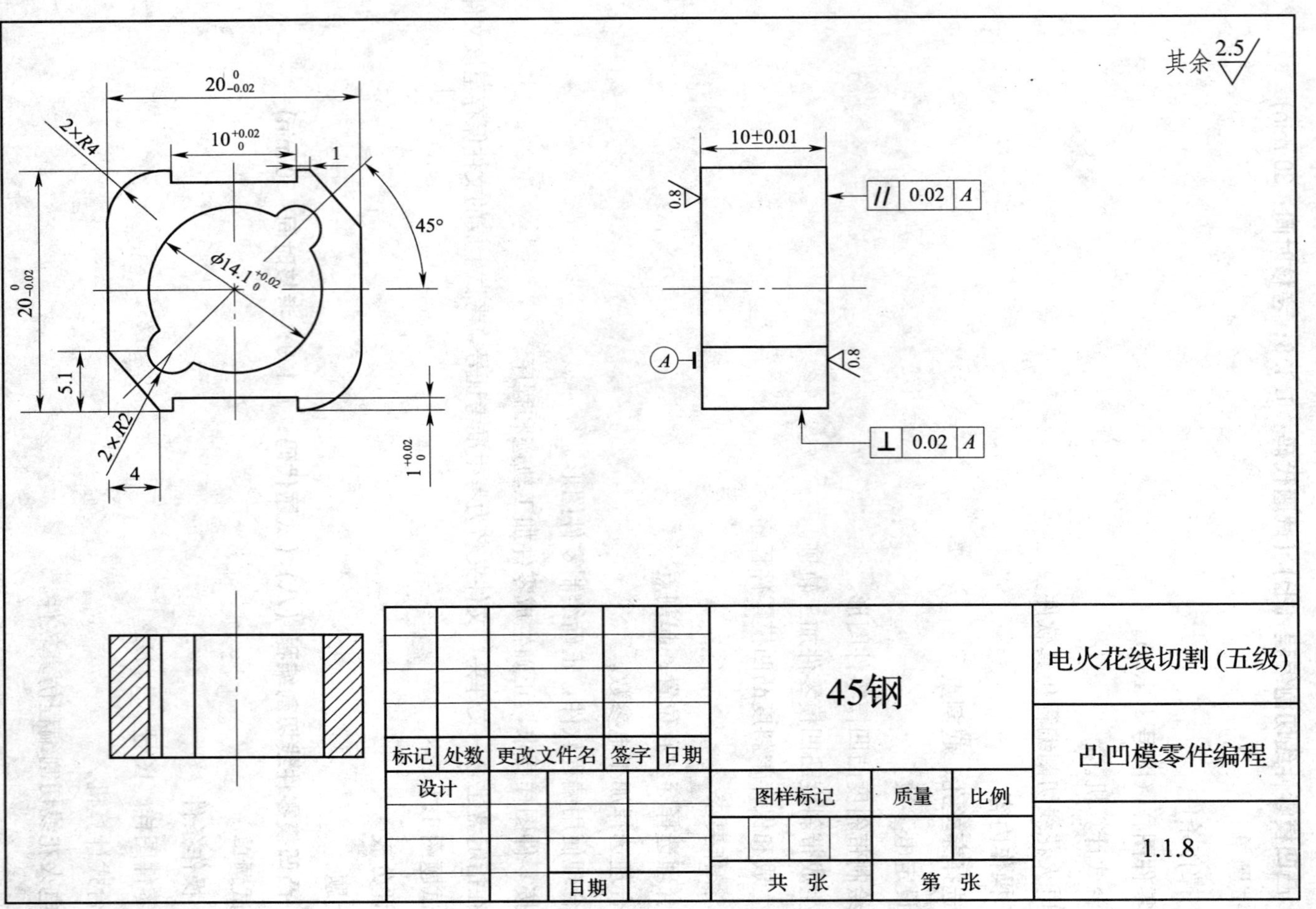

其余 2.5
20 0 -0.02
2×R4
10 +0.02 0
1
45°
φ14.1 +0.02 0
20 0 -0.02
5.1
2×R2
4
1 +0.02 0
10±0.01
0.8
// 0.02 A
A
0.8
⊥ 0.02 A
45钢
电火花线切割 (五级)
凸凹模零件编程
1.1.8
标记
处数
更改文件名
签字
日期
设计
日期
图样标记
质量
比例
共 张
第 张

（2）操作内容

1）选择穿丝孔、起割点。

2）设定电参数。

3）绘制带斜度凸凹模零件图形。

4）生成带斜度凸凹模零件加工轨迹。

5）生成和保存带斜度凸凹模零件程序。

（3）操作要求

1）合理选择穿丝孔位置、起割点。

2）合理选择加工电参数。

3）合理使用编程软件，正确绘制零件图形。

4）按零件图样要求，正确生成零件加工轨迹和程序。

5）在指定盘建立一文件夹，文件夹名为考生准考证号，考试生成的文件保存至该文件夹。

2. 试题图 1.1.9

3. 评分表

同上题。

九、凸凹模零件线切割编程（九）（试题代码：1.1.10；考核时间：30 min）

1. 试题单

（1）操作条件

1）零件图样（图号 1.1.10）。

2）台式计算机。

3）电火花线切割编程仿真软件。

（2）操作内容

1）选择穿丝孔、起割点。

2）设定电参数。

3）绘制带斜度凸凹模零件图形。

4）生成带斜度凸凹模零件加工轨迹。

5）生成和保存带斜度凸凹模零件程序。

（3）操作要求

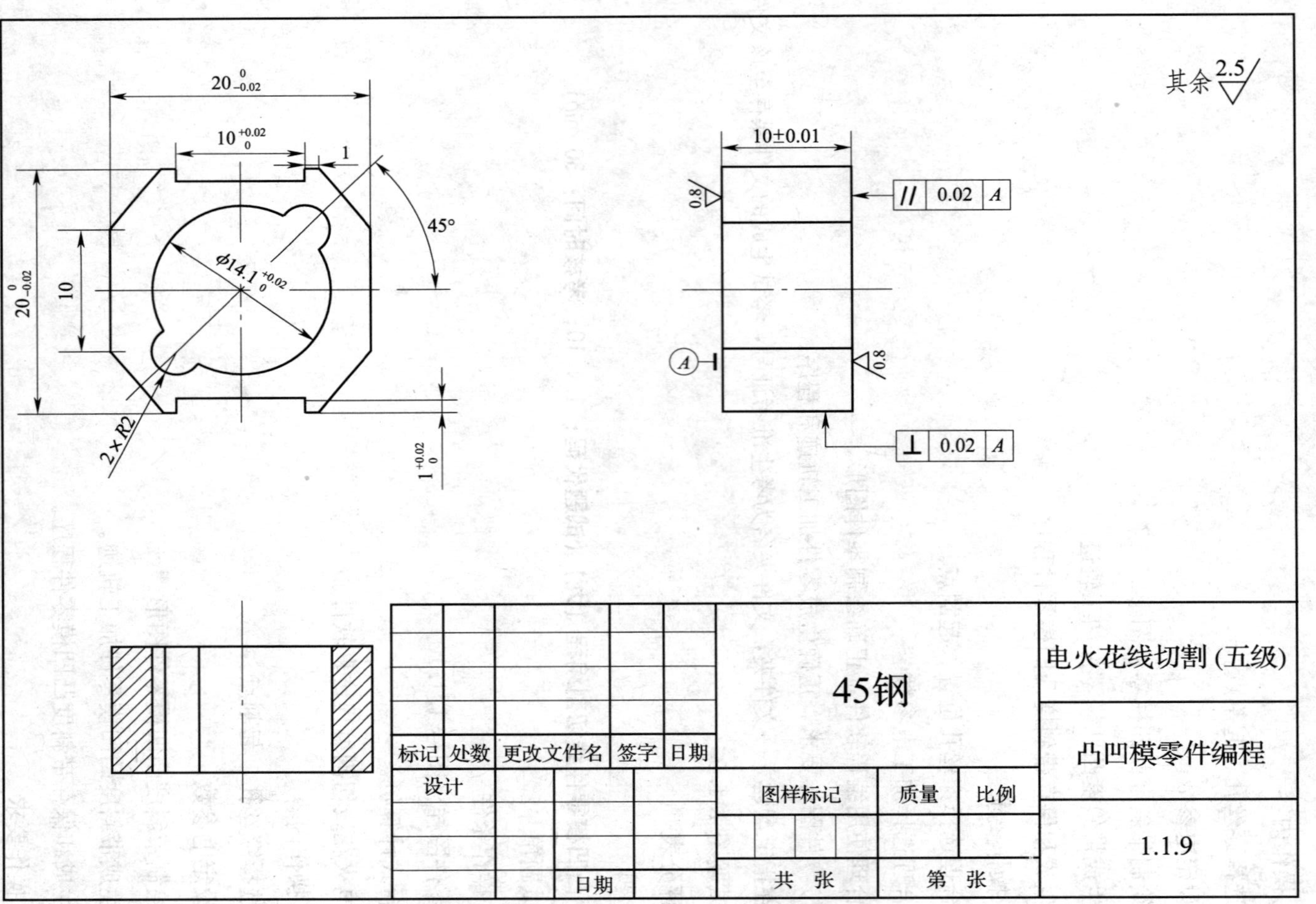

其余 2.5
$20^{0}_{-0.02}$
$10^{+0.02}_{0}$
1
45°
$\phi14.1^{+0.02}_{0}$
$20^{0}_{-0.02}$
10
2×R2
$1^{+0.02}_{0}$
10±0.01
0.8
0.02 A
A
0.8
0.02 A
45钢
电火花线切割（五级）
凸凹模零件编程
1.1.9
标记
处数
更改文件名
签字
日期
设计
日期
图样标记
质量
比例
共 张
第 张

1）合理选择穿丝孔位置、起割点。

2）合理选择加工电参数。

3）合理使用编程软件，正确绘制零件图形。

4）按零件图样要求，正确生成零件加工轨迹和程序。

5）在指定盘建立一文件夹，文件夹名为考生准考证号，考试生成的文件保存至该文件夹。

2. 试题图 1.1.10

3. 评分表

同上题。

十、凸凹模零件线切割编程（十）（试题代码：1.1.11；考核时间：30 min）

1. 试题单

（1）操作条件

1）零件图样（图号 1.1.11）。

2）台式计算机。

3）电火花线切割编程仿真软件。

（2）操作内容

1）选择穿丝孔、起割点。

2）设定电参数。

3）绘制带斜度凸凹模零件图形。

4）生成带斜度凸凹模零件加工轨迹。

5）生成和保存带斜度凸凹模零件程序。

（3）操作要求

1）合理选择穿丝孔位置、起割点。

2）合理选择加工电参数。

3）合理使用编程软件，正确绘制零件图形。

4）按零件图样要求，正确生成零件加工轨迹和程序。

5）在指定盘建立一文件夹，文件夹名为考生准考证号，考试生成的文件保存至该文件夹。

2. 试题图 1.1.11

3. 评分表

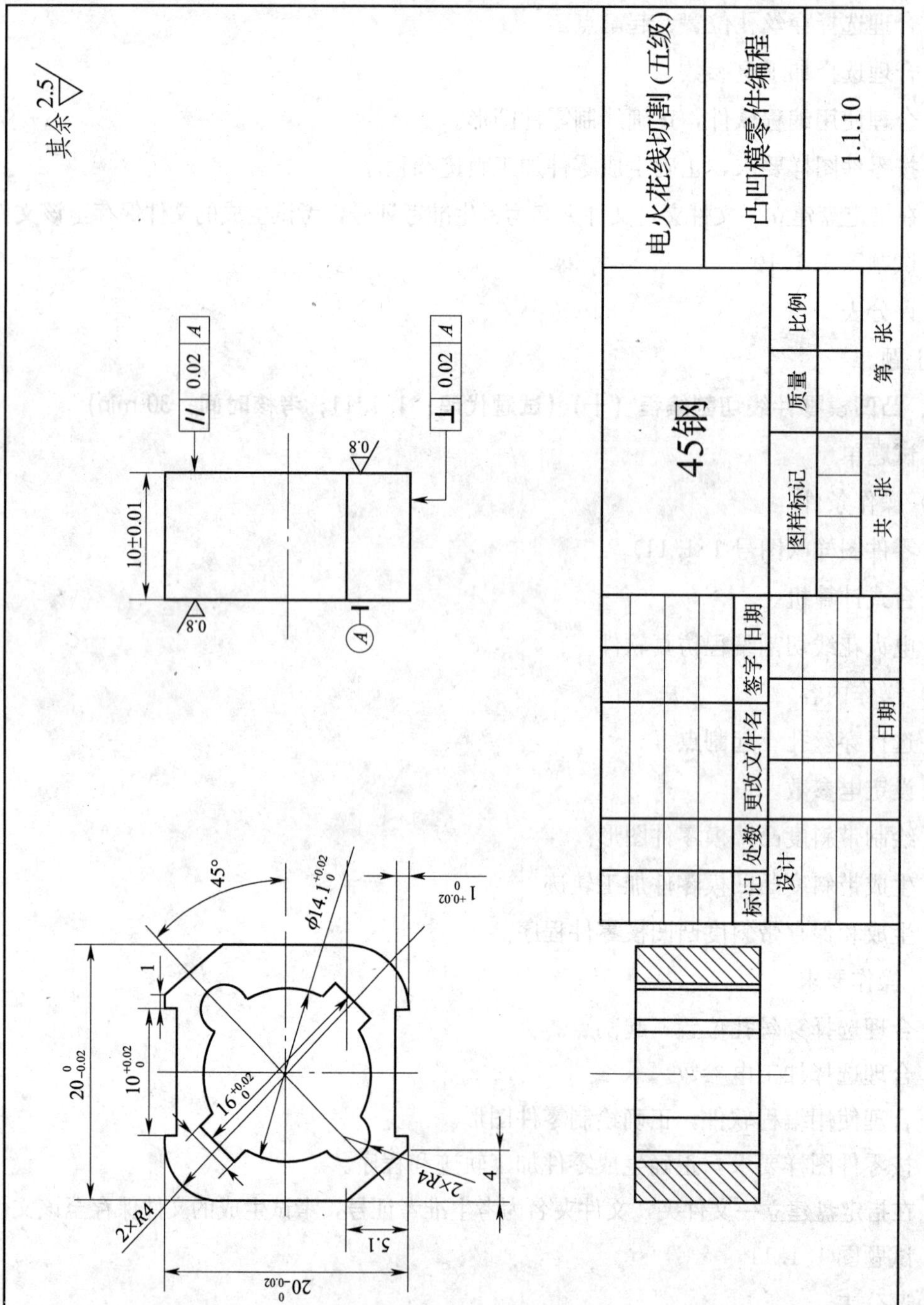

其余 2.5

$20^{0}_{-0.02}$

$10^{+0.02}_{0}$

1

2×R4

$16^{+0.02}_{0}$

45°

$\phi14.1^{+0.02}_{0}$

5.1

4

$1^{+0.02}_{0}$

10±0.01

0.8

// 0.02 A

⊥ 0.02 A

A

标记	处数	更改文件名	签字	日期	45钢			电火花线切割(五级)
设计					图样标记	质量	比例	凸凹模零件编程
		日期			共 张	第 张		1.1.10

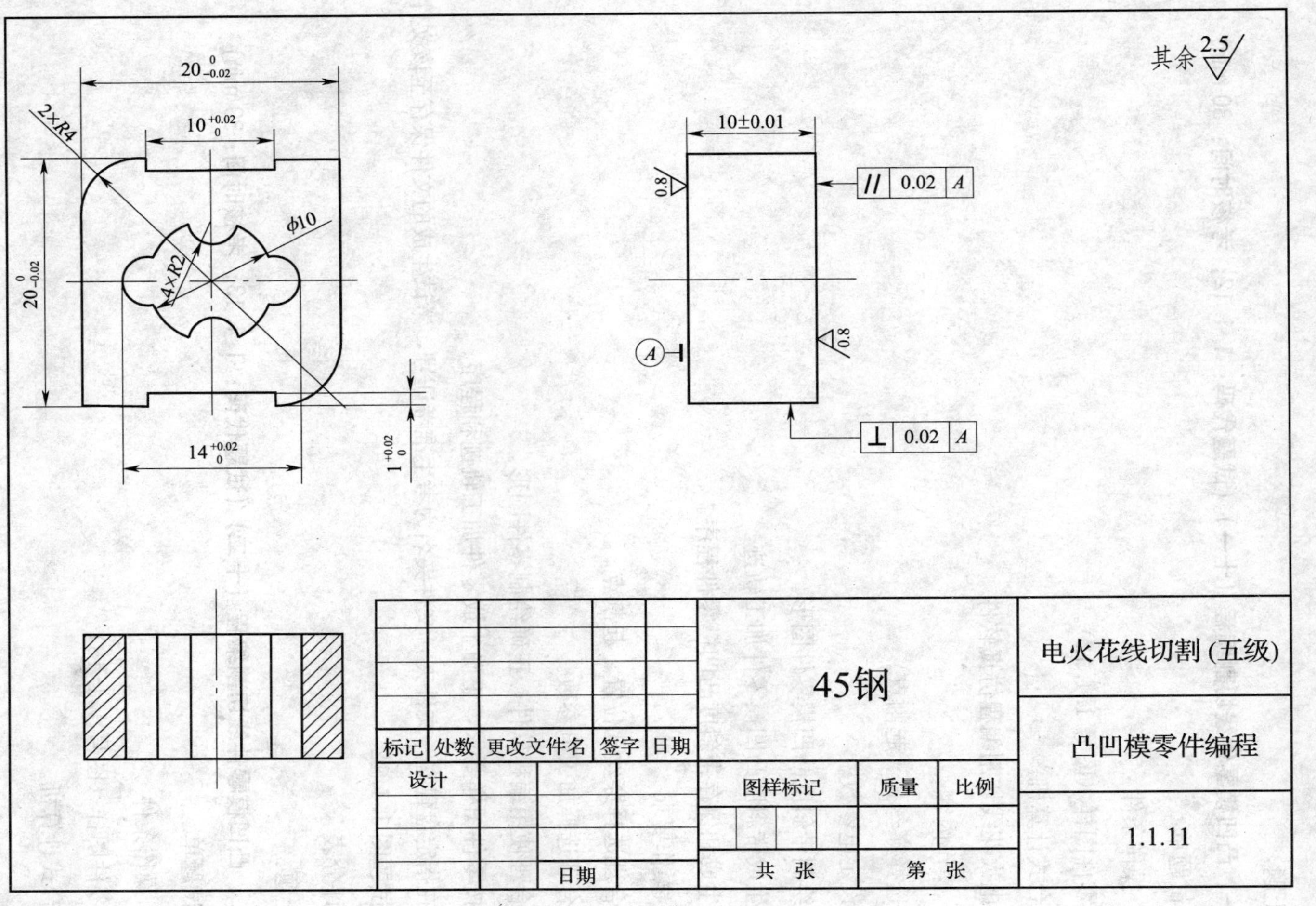
其余 2.5
$20^{\ 0}_{-0.02}$
2×R4
$10^{+0.02}_{\ 0}$
Φ10
4×R2
$20^{\ 0}_{-0.02}$
$14^{+0.02}_{\ 0}$
$1^{+0.02}_{\ 0}$
10±0.01
0.8
// 0.02 A
0.8
A
⊥ 0.02 A
标记 处数 更改文件名 签字 日期
设计
日期
45钢
图样标记 质量 比例
共 张 第 张
电火花线切割(五级)
凸凹模零件编程
1.1.11

同上题。

十一、凸凹模零件线切割编程（十一）（试题代码：1.1.12；考核时间：30 min）

1. 试题单

(1) 操作条件

1) 零件图样（图号 1.1.12）。

2) 台式计算机。

3) 电火花线切割编程仿真软件。

(2) 操作内容

1) 选择穿丝孔、起割点。

2) 设定电参数。

3) 绘制带斜度凸凹模零件图形。

4) 生成带斜度凸凹模零件加工轨迹。

5) 生成和保存带斜度凸凹模零件程序。

(3) 操作要求

1) 合理选择穿丝孔位置、起割点。

2) 合理选择加工电参数。

3) 合理使用编程软件，正确绘制零件图形。

4) 按零件图样要求，正确生成零件加工轨迹和程序。

5) 在指定盘建立一文件夹，文件夹名为考生准考证号，考试生成的文件保存至该文件夹。

2. 试题图 1.1.12

3. 评分表

同上题。

十二、凸凹模零件线切割编程（十二）（试题代码：1.1.13；考核时间：30 min）

1. 试题单

(1) 操作条件

1) 零件图样（图号 1.1.13）。

2) 台式计算机。

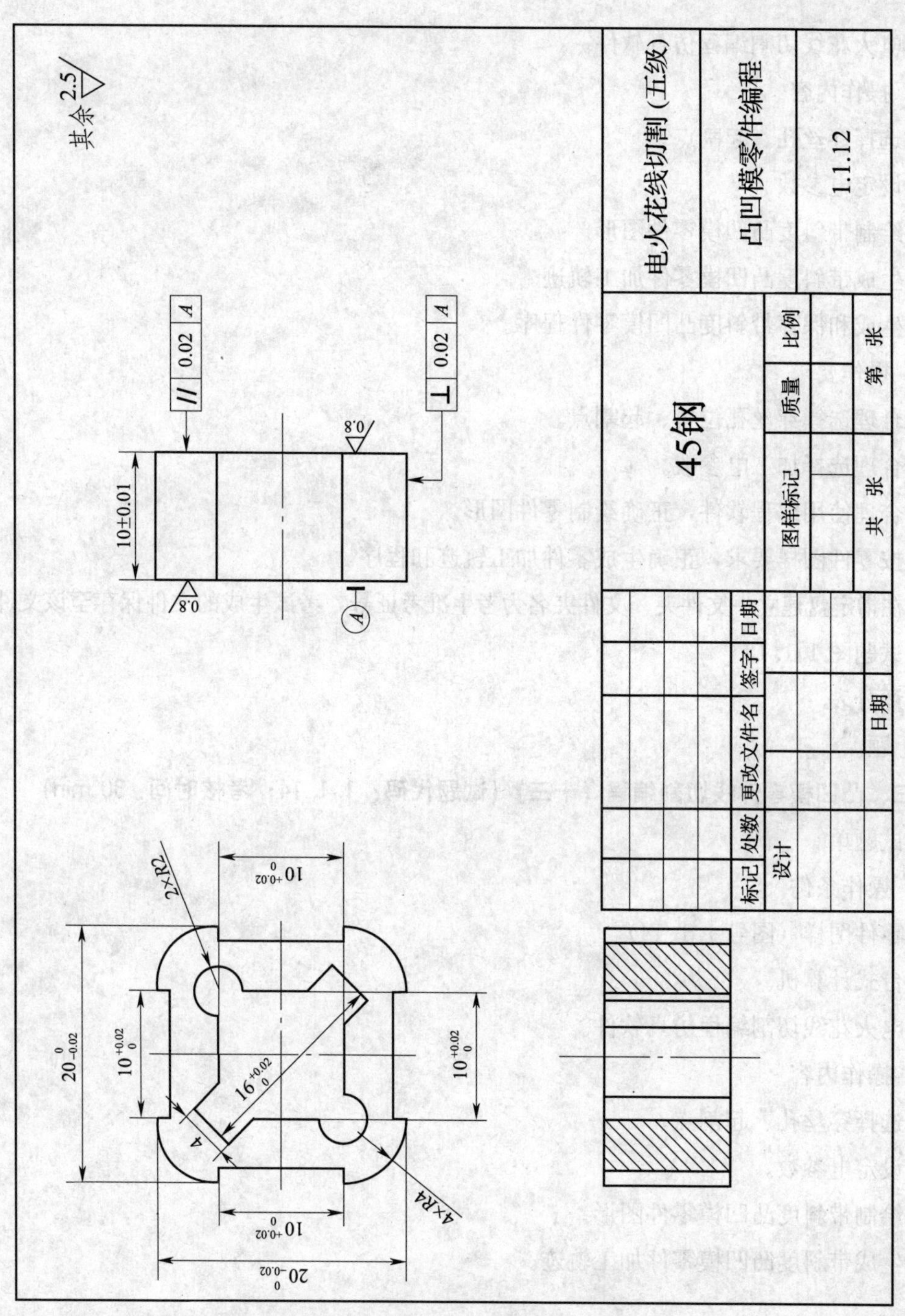
其余 2.5
20 0 −0.02
10 +0.02 0
16 +0.02 0
10 +0.02 0
2×R2
4×R4
4
20 0 −0.02
10 +0.02 0
10 +0.02 0
10±0.01
0.8
0.8
// 0.02 A
⊥ 0.02 A
A
电火花线切割 (五级)
凸凹模零件编程
1.1.12
45钢
标记
处数
更改文件名
签字
日期
设计
日期
图样标记
质量
比例
共　张
第　张

3）电火花线切割编程仿真软件。

（2）操作内容

1）选择穿丝孔、起割点。

2）设定电参数。

3）绘制带斜度凸凹模零件图形。

4）生成带斜度凸凹模零件加工轨迹。

5）生成和保存带斜度凸凹模零件程序。

（3）操作要求

1）合理选择穿丝孔位置、起割点。

2）合理选择加工电参数。

3）合理使用编程软件，正确绘制零件图形。

4）按零件图样要求，正确生成零件加工轨迹和程序。

5）在指定盘建立一文件夹，文件夹名为考生准考证号，考试生成的文件保存至该文件夹。

2. 试题图 1.1.13

3. 评分表

同上题。

十三、凸凹模零件线切割编程（十三）（试题代码：1.1.14；考核时间：30 min）

1. 试题单

（1）操作条件

1）零件图样（图号 1.1.14）。

2）台式计算机。

3）电火花线切割编程仿真软件。

（2）操作内容

1）选择穿丝孔、起割点。

2）设定电参数。

3）绘制带斜度凸凹模零件图形。

4）生成带斜度凸凹模零件加工轨迹。

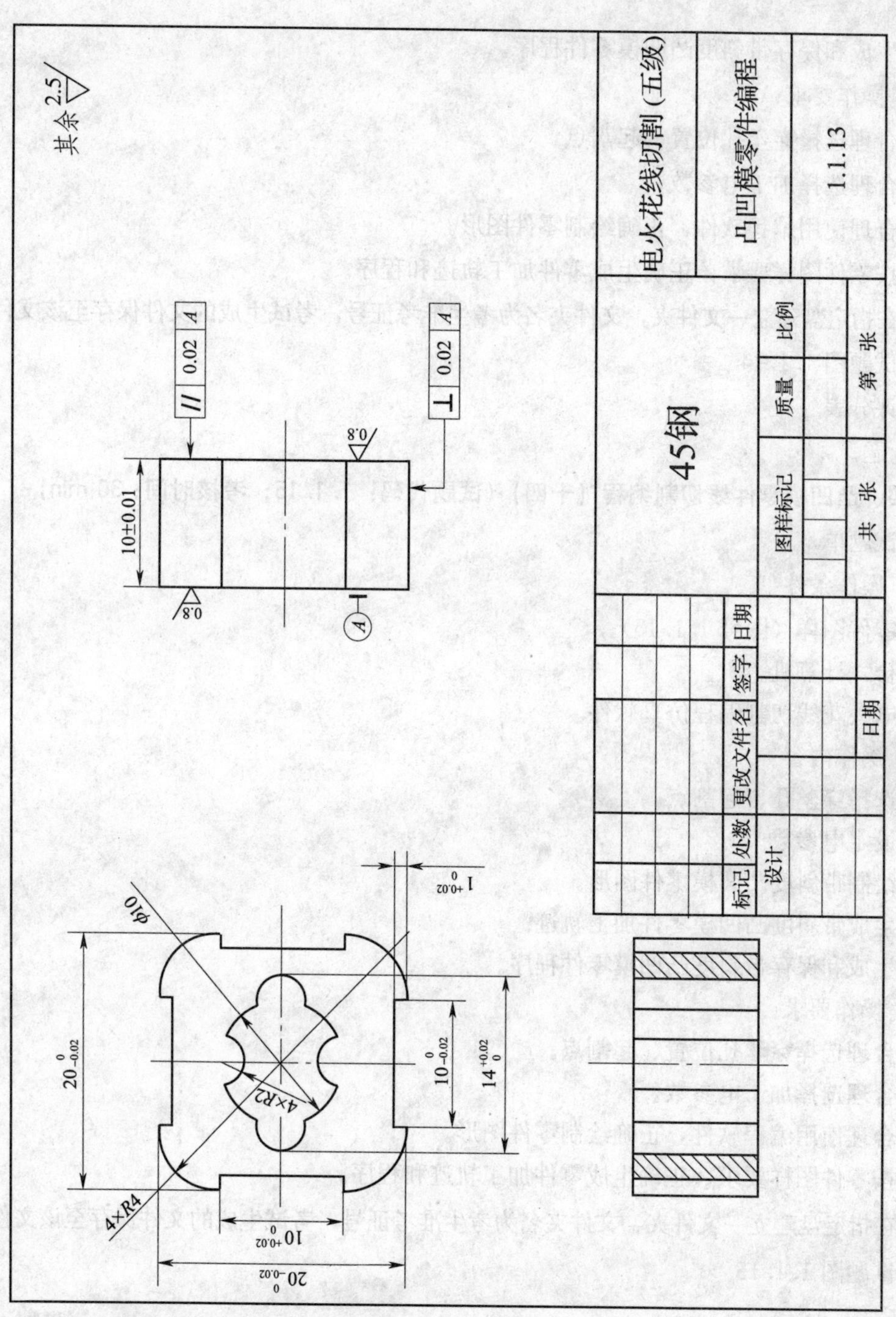

其余 2.5
// 0.02 A
⊥ 0.02 A
0.8
10±0.01
A
φ10
4×R4
4×R2
$20^{\ 0}_{-0.02}$
$10^{\ 0}_{-0.02}$
$14^{+0.02}_{\ 0}$
$10^{+0.02}_{\ 0}$
$1^{+0.02}_{\ 0}$
电火花线切割（五级）
凸凹模零件编程
1.1.13
45钢
图样标记
质量
比例
共　张
第　张
标记
处数
更改文件名
签字
日期
设计
日期

5）生成和保存带斜度凸凹模零件程序。

（3）操作要求

1）合理选择穿丝孔位置、起割点。

2）合理选择加工电参数。

3）合理使用编程软件，正确绘制零件图形。

4）按零件图样要求，正确生成零件加工轨迹和程序。

5）在指定盘建立一文件夹，文件夹名为考生准考证号，考试生成的文件保存至该文件夹。

2. 试题图 1.1.14

3. 评分表

同上题。

十四、凸凹模零件线切割编程（十四）（试题代码：1.1.15；考核时间：30 min）

1. 试题单

（1）操作条件

1）零件图样（图号 1.1.15）。

2）台式计算机。

3）电火花线切割编程仿真软件。

（2）操作内容

1）选择穿丝孔、起割点。

2）设定电参数。

3）绘制带斜度凸凹模零件图形。

4）生成带斜度凸凹模零件加工轨迹。

5）生成和保存带斜度凸凹模零件程序。

（3）操作要求

1）合理选择穿丝孔位置、起割点。

2）合理选择加工电参数。

3）合理使用编程软件，正确绘制零件图形。

4）按零件图样要求，正确生成零件加工轨迹和程序。

5）在指定盘建立一文件夹，文件夹名为考生准考证号，考试生成的文件保存至该文件夹。

2. 试题图 1.1.15

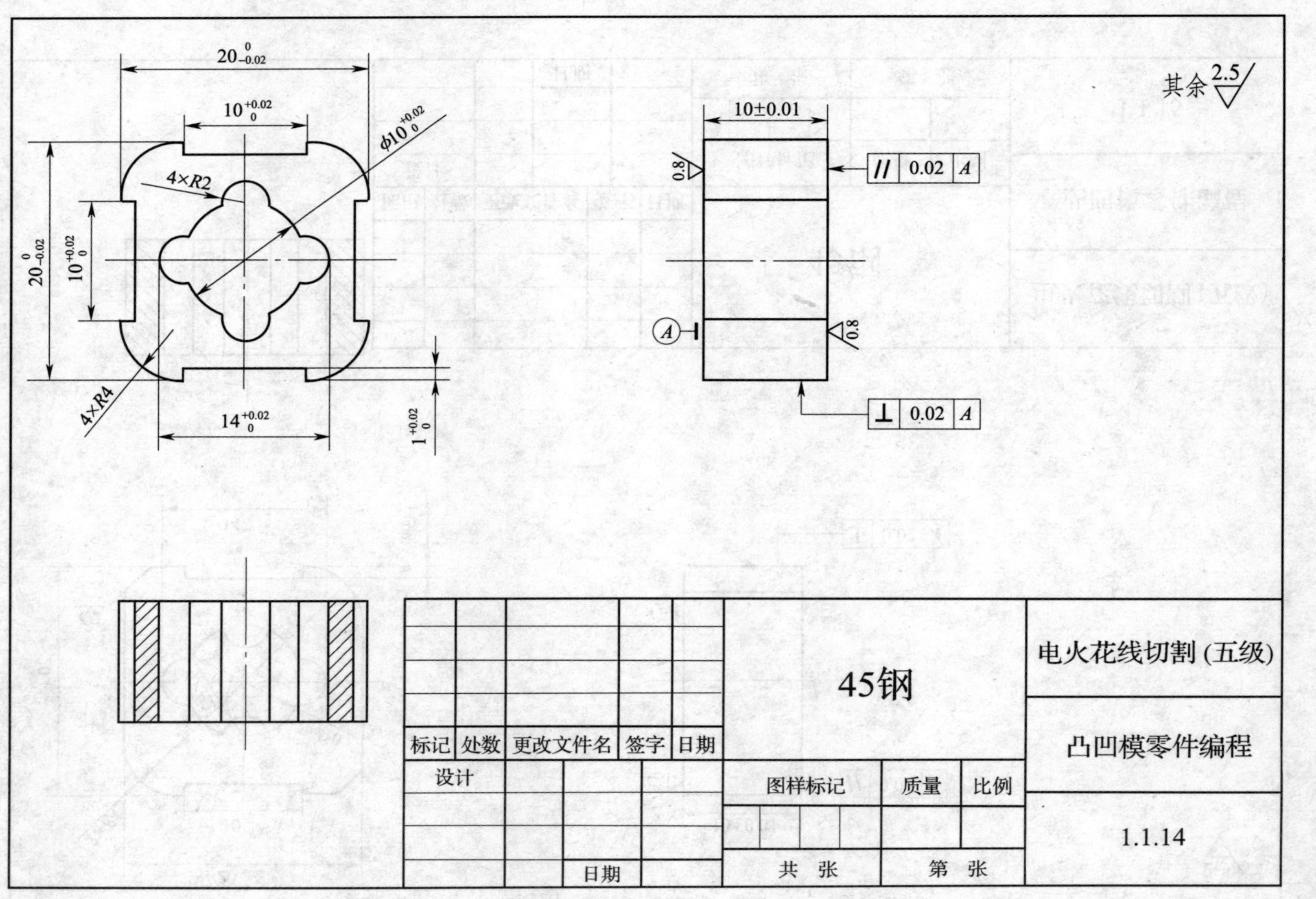
其余 2.5
20 0 -0.02
10 +0.02 0
φ10 +0.02 0
4×R2
20 0 -0.02
10 +0.02 0
4×R4
14 +0.02 0
1 +0.02 0
10±0.01
0.8
// 0.02 A
A
0.8
⊥ 0.02 A
45钢
电火花线切割(五级)
凸凹模零件编程
1.1.14
标记
处数
更改文件名
签字
日期
设计
日期
图样标记
质量
比例
共　张
第　张

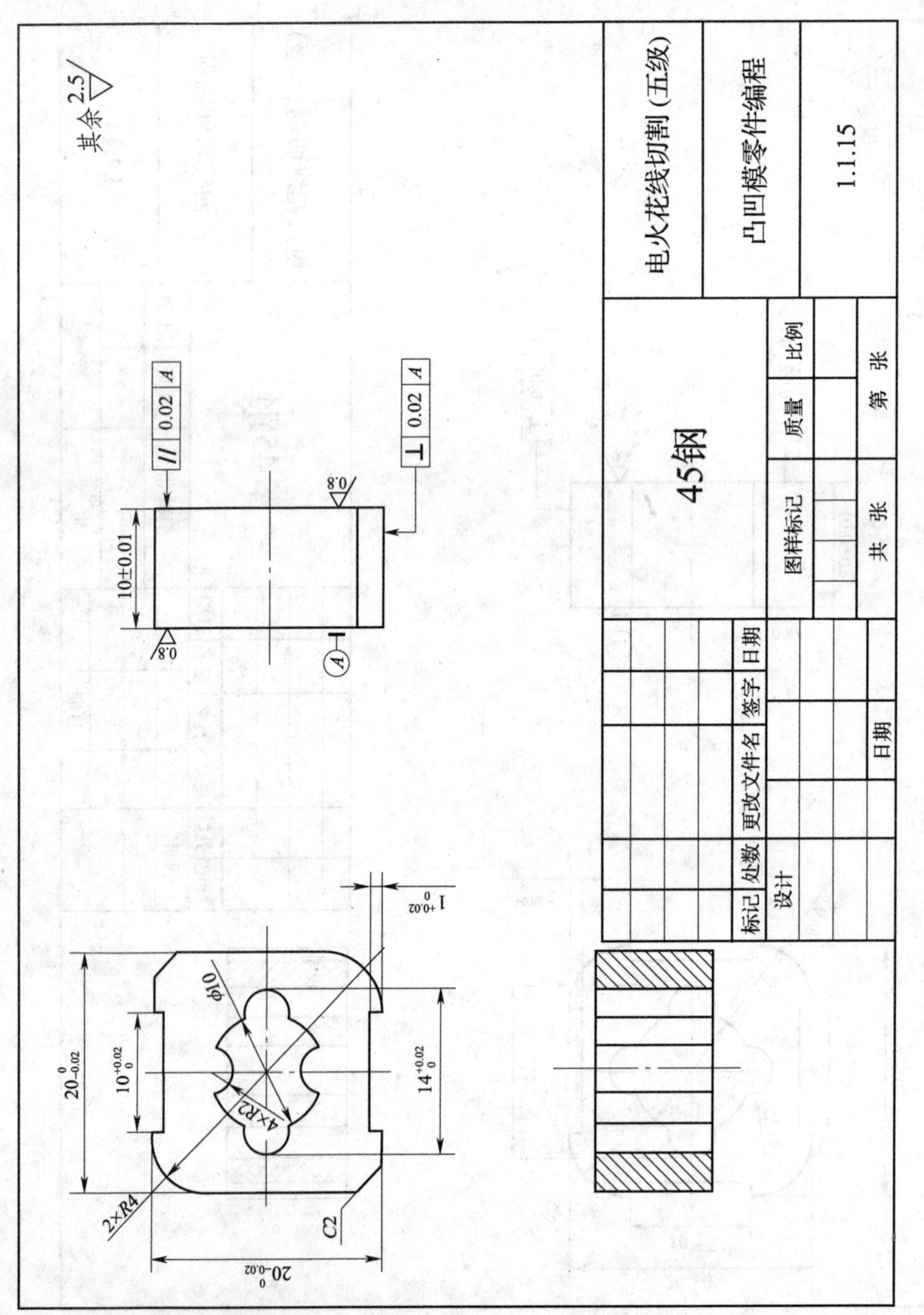
电火花线切割（五级）
凸凹模零件编程
1.1.15
45钢
其余 2.5
标记 处数 更改文件名 签字 日期
设计
日期
图样标记 质量 比例
共 张 第 张

3. 评分表

同上题。

零件加工

一、凸模零件线切割加工（一）（试题代码：2.1.2；考核时间：60 min）

1. 试题单

（1）操作条件

1）零件图样（图号 2.1.2）。

2）加工设备（CNC 快走丝电火花线切割机床）。

3）电极丝、加工坯料、游标卡尺、工具。

4）提供的数控程序①已在机床中。

（2）操作内容

1）程序调用，电参数设置，轨迹模拟加工。

2）手动穿丝。

3）工件的装夹、校正及定位。

4）根据零件图样（图号 2.1.2）和加工程序完成零件加工。

5）文明生产和机床清洁。

（3）操作要求

1）完成程序调用、电参数设置、轨迹模拟加工。

2）完成毛坯装夹、工件校正及定位，并且符合工艺性。

3）完成手动穿丝。

4）按零件图样（图号 2.1.2）完成零件加工。

5）文明操作及安全生产。

2. 试题图 2.1.2

---

① 该手册提供操作所用的数控程序，请到 http://www.class.com.cn/datas/6/096155.rar 下载。

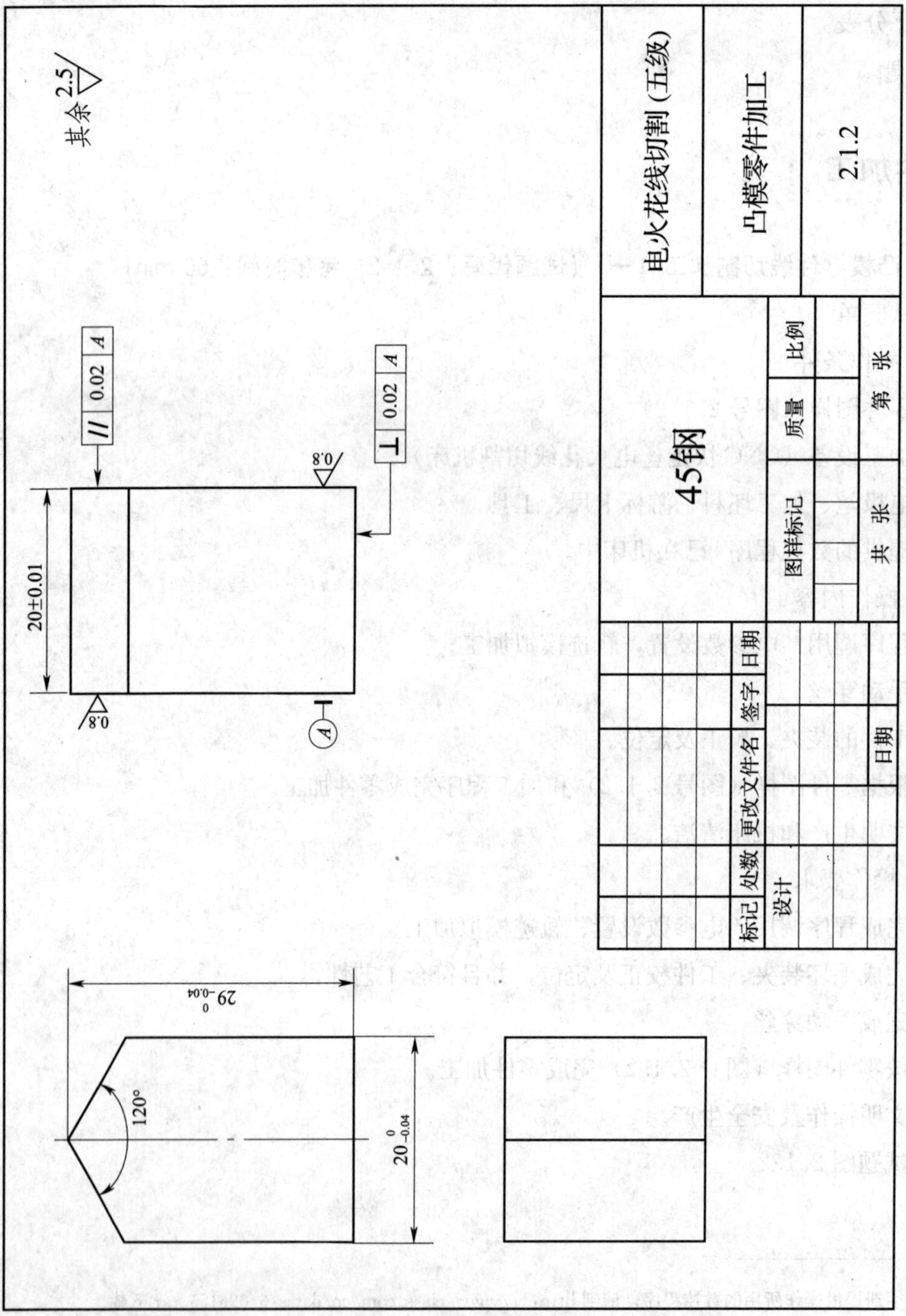

120°

$29^{0}_{-0.04}$

$20^{0}_{-0.04}$

20±0.01

0.8

// 0.02 A

A

0.8

⊥ 0.02 A

其余 2.5

标记	处数	更改文件名	签字	日期	45钢			电火花线切割(五级)
设计					图样标记	质量	比例	凸模零件加工
			日期		共 张	第 张		2.1.2

3. 评分表

试题代码及名称		2.1.2～2.1.15 凸模零件线切割加工			考核时间					60 min
评价要素		配分	等级	评分细则	评定等级					得分
					A	B	C	D	E	
1	电极丝安装校正	10	A	穿丝、电极丝校正步骤正确						
			B	穿丝和电极丝校正步骤有 1 处不正确						
			C	穿丝和电极丝校正步骤有 2～3 处不正确						
			D	穿丝和电极丝校正步骤有 3 处以上不正确						
			E	未操作						
2	工件装夹定位	10	A	工件装夹、定位操作正确，完成加工准备						
			B	工件装夹和定位操作有 1 处不正确						
			C	工件装夹和定位操作有 2～3 处不正确						
			D	工件装夹和定位操作有 3 处以上不正确						
			E	未操作						
3	加工调整	5	A	加工中能根据工况正确调整电参数						
			B	加工中未能及时调整电参数，造成 1 次断丝						
			C	加工中未能及时调整电参数，造成 2 次断丝						
			D	加工中未能及时调整电参数，造成 3 次断丝						
			E	未操作						
4	零件质量	20	A	尺寸精度、表面粗糙度符合图样要求						
			B	超差 1 处						
			C	超差 2 处						
			D	有 3 处及以上超差						
			E	未加工						
5	安全文明	5	A	符合安全操作规范						
			B	—						
			C	工具摆放不规范						
			D	违规操作，工量具损坏						
			E	严重违规，撞机						
合计配分		50		合计得分						

等级	A（优）	B（良）	C（及格）	D（差）	E（未答题）
比值	1.0	0.8	0.6	0.2	0

“评价要素”得分＝配分×等级比值。

二、凸模零件线切割加工（二）（试题代码：2.1.3；考核时间：60 min）

1. 试题单

（1）操作条件

1）零件图样（图号 2.1.3）。

2）加工设备（CNC 快走丝电火花线切割机床）。

3）电极丝、加工坯料、游标卡尺、工具。

4）提供的数控程序已在机床中。

（2）操作内容

1）程序调用，电参数设置，轨迹模拟加工。

2）手动穿丝。

3）工件的装夹、校正及定位。

4）根据零件图样（图号 2.1.3）和加工程序完成零件加工。

5）文明生产和机床清洁。

（3）操作要求

1）完成程序调用、电参数设置、轨迹模拟加工。

2）完成毛坯装夹、工件校正及定位，并且符合工艺性。

3）完成手动穿丝。

4）按零件图样（图号 2.1.3）完成零件加工。

5）文明操作及安全生产。

2. 试题图 2.1.3

3. 评分表

同上题。

三、凸模零件线切割加工（三）（试题代码：2.1.4；考核时间：60 min）

1. 试题单

（1）操作条件

1）零件图样（图号 2.1.4）。

2）加工设备（CNC 快走丝电火花线切割机床）。

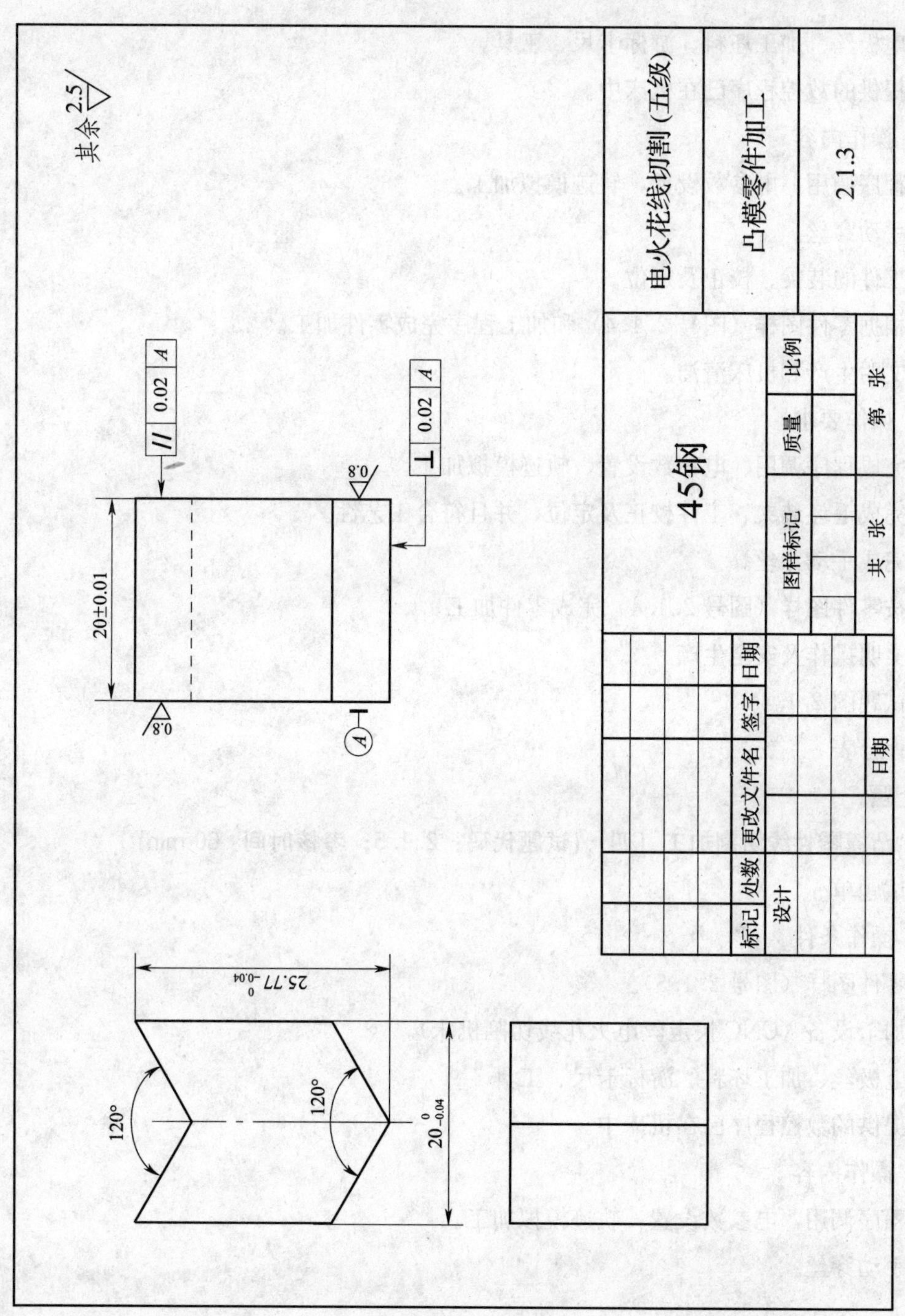
其余 2.5
0.02 A
0.02 A
0.8
0.8
20±0.01
A
25.77 0 -0.04
120°
120°
20 0 -0.04
电火花线切割(五级)
凸模零件加工
2.1.3
45钢
图样标记
质量
比例
共　张
第　张
标记
处数
更改文件名
签字
日期
设计
日期

3）电极丝、加工坯料、游标卡尺、工具。

4）提供的数控程序已在机床中。

（2）操作内容

1）程序调用，电参数设置，轨迹模拟加工。

2）手动穿丝。

3）工件的装夹、校正及定位。

4）根据零件图样（图号 2.1.4）和加工程序完成零件加工。

5）文明生产和机床清洁。

（3）操作要求

1）完成程序调用、电参数设置、轨迹模拟加工。

2）完成毛坯装夹、工件校正及定位，并且符合工艺性。

3）完成手动穿丝。

4）按零件图样（图号 2.1.4）完成零件加工。

5）文明操作及安全生产。

2. 试题图 2.1.4

3. 评分表

同上题。

四、凸模零件线切割加工（四）（试题代码：2.1.5；考核时间：60 min）

1. 试题单

（1）操作条件

1）零件图样（图号 2.1.5）。

2）加工设备（CNC 快走丝电火花线切割机床）。

3）电极丝、加工坯料、游标卡尺、工具。

4）提供的数控程序已在机床中。

（2）操作内容

1）程序调用，电参数设置，轨迹模拟加工。

2）手动穿丝。

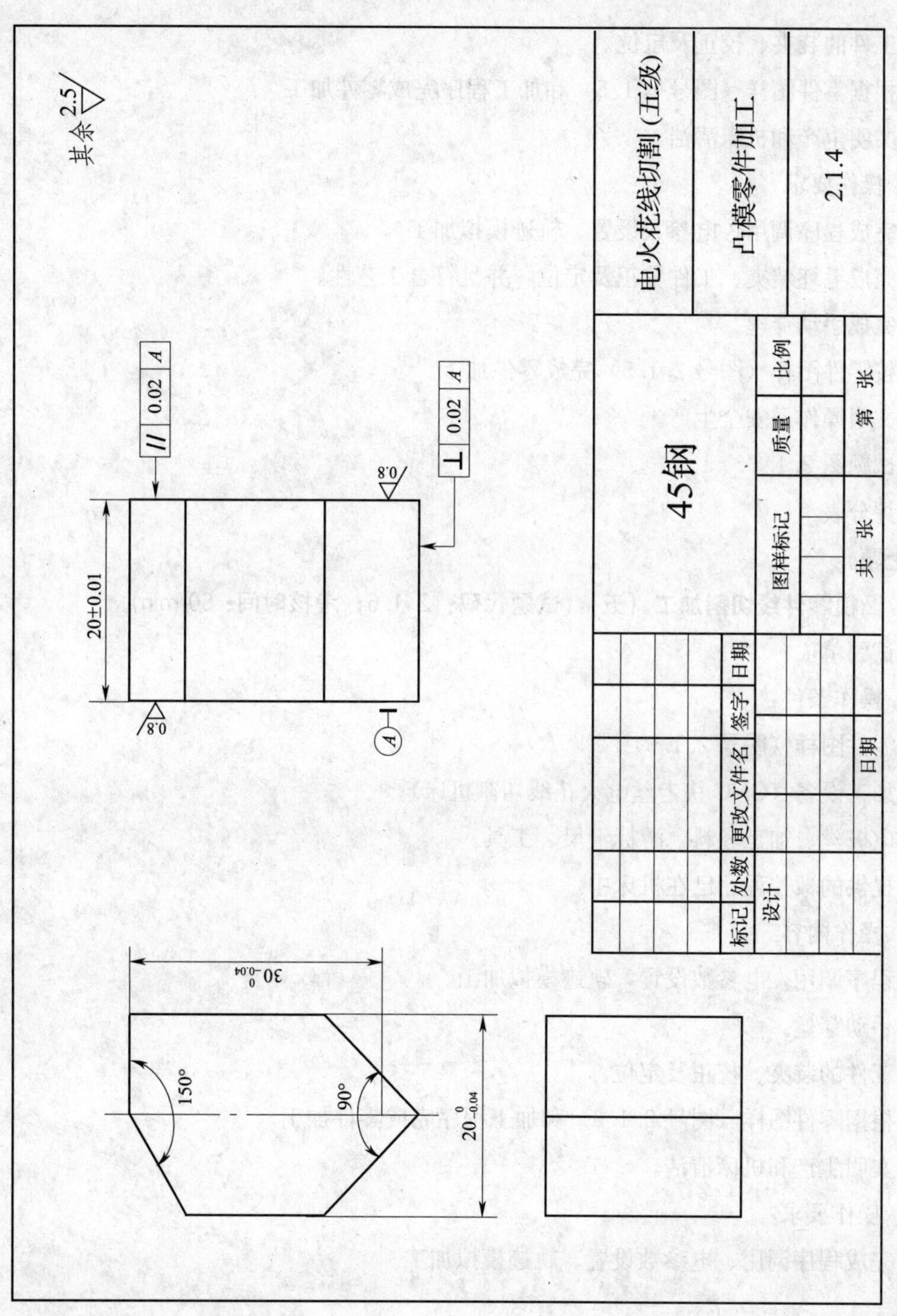
其余 2.5
0.02 A
0.02 A
0.8
20±0.01
0.8
A
30 0 -0.04
150°
90°
20 0 -0.04
电火花线切割(五级)
凸模零件加工
2.1.4
45钢
图样标记
质量
比例
共　张
第　张
标记
处数
更改文件名
签字
日期
设计
日期

3）工件的装夹、校正及定位。

4）根据零件图样（图号 2.1.5）和加工程序完成零件加工。

5）文明生产和机床清洁。

（3）操作要求

1）完成程序调用、电参数设置、轨迹模拟加工。

2）完成毛坯装夹、工件校正及定位，并且符合工艺性。

3）完成手动穿丝。

4）按零件图样（图号 2.1.5）完成零件加工。

5）文明操作及安全生产。

2. 试题图 2.1.5

3. 评分表

同上题。

五、凸模零件线切割加工（五）（试题代码：2.1.6；考核时间：60 min）

1. 试题单

（1）操作条件

1）零件图样（图号 2.1.6）。

2）加工设备（CNC 快走丝电火花线切割机床）。

3）电极丝、加工坯料、游标卡尺、工具。

4）提供的数控程序已在机床中。

（2）操作内容

1）程序调用，电参数设置，轨迹模拟加工。

2）手动穿丝。

3）工件的装夹、校正及定位。

4）根据零件图样（图号 2.1.6）和加工程序完成零件加工。

5）文明生产和机床清洁。

（3）操作要求

1）完成程序调用、电参数设置、轨迹模拟加工。

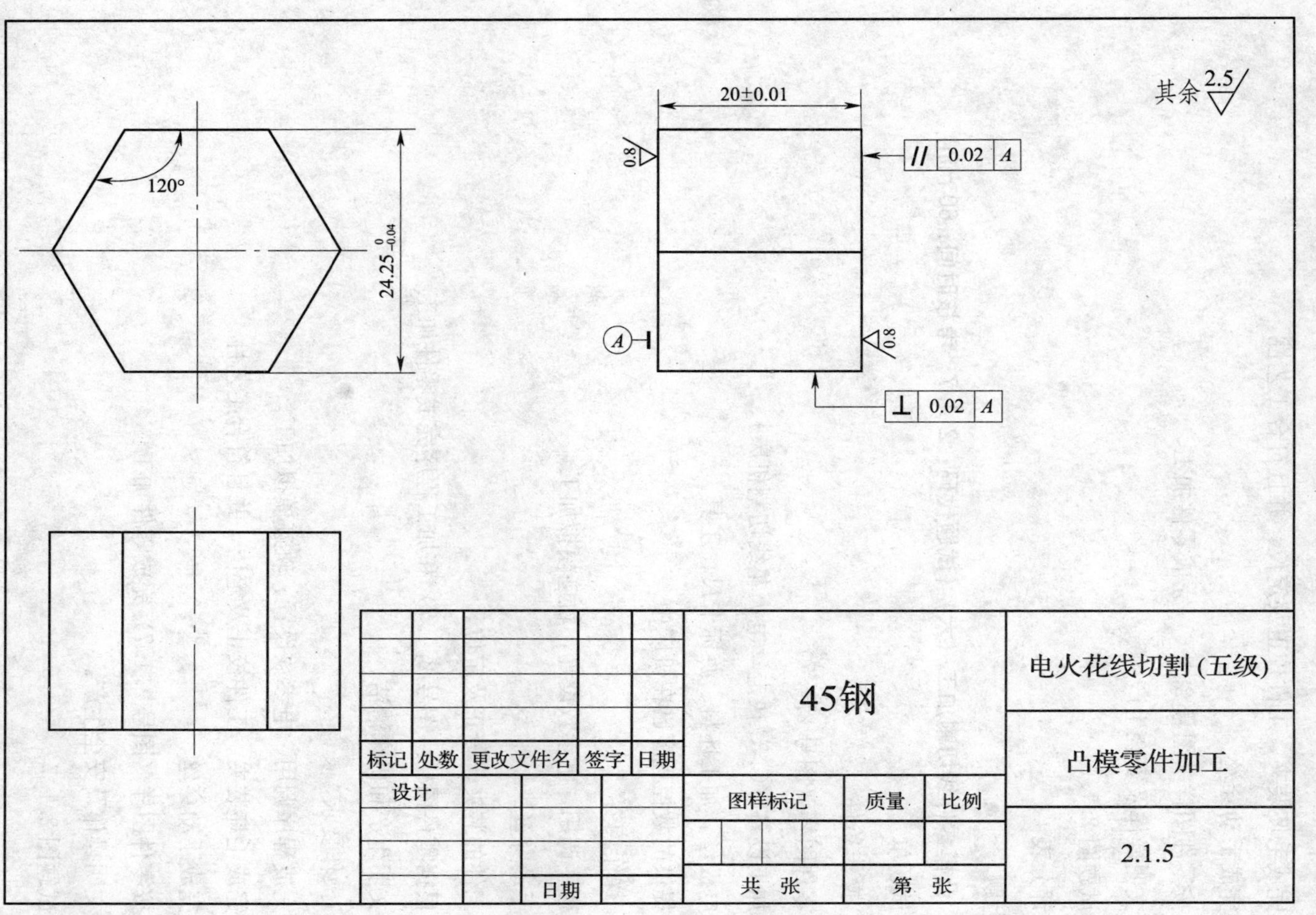
其余 2.5
120°
24.25 0 -0.04
20±0.01
0.8
// 0.02 A
A
0.8
⊥ 0.02 A
45钢
电火花线切割（五级）
凸模零件加工
2.1.5
标记
处数
更改文件名
签字
日期
设计
日期
图样标记
质量
比例
共　张
第　张

2）完成毛坯装夹、工件校正及定位，并且符合工艺性。

3）完成手动穿丝。

4）按零件图样（图号 2.1.6）完成零件加工。

5）文明操作及安全生产。

2. 试题图 2.1.6

3. 评分表

同上题。

六、凸模零件线切割加工（六）（试题代码：2.1.7；考核时间：60 min）

1. 试题单

（1）操作条件

1）零件图样（图号 2.1.7）。

2）加工设备（CNC 快走丝电火花线切割机床）。

3）电极丝、加工坯料、游标卡尺、工具。

4）提供的数控程序已在机床中。

（2）操作内容

1）程序调用，电参数设置，轨迹模拟加工。

2）手动穿丝。

3）工件的装夹、校正及定位。

4）根据零件图样（图号 2.1.7）和加工程序完成零件加工。

5）文明生产和机床清洁。

（3）操作要求

1）完成程序调用、电参数设置、轨迹模拟加工。

2）完成毛坯装夹、工件校正及定位，并且符合工艺性。

3）完成手动穿丝。

4）按零件图样（图号 2.1.7）完成零件加工。

5）文明操作及安全生产。

2. 试题图 2.1.7

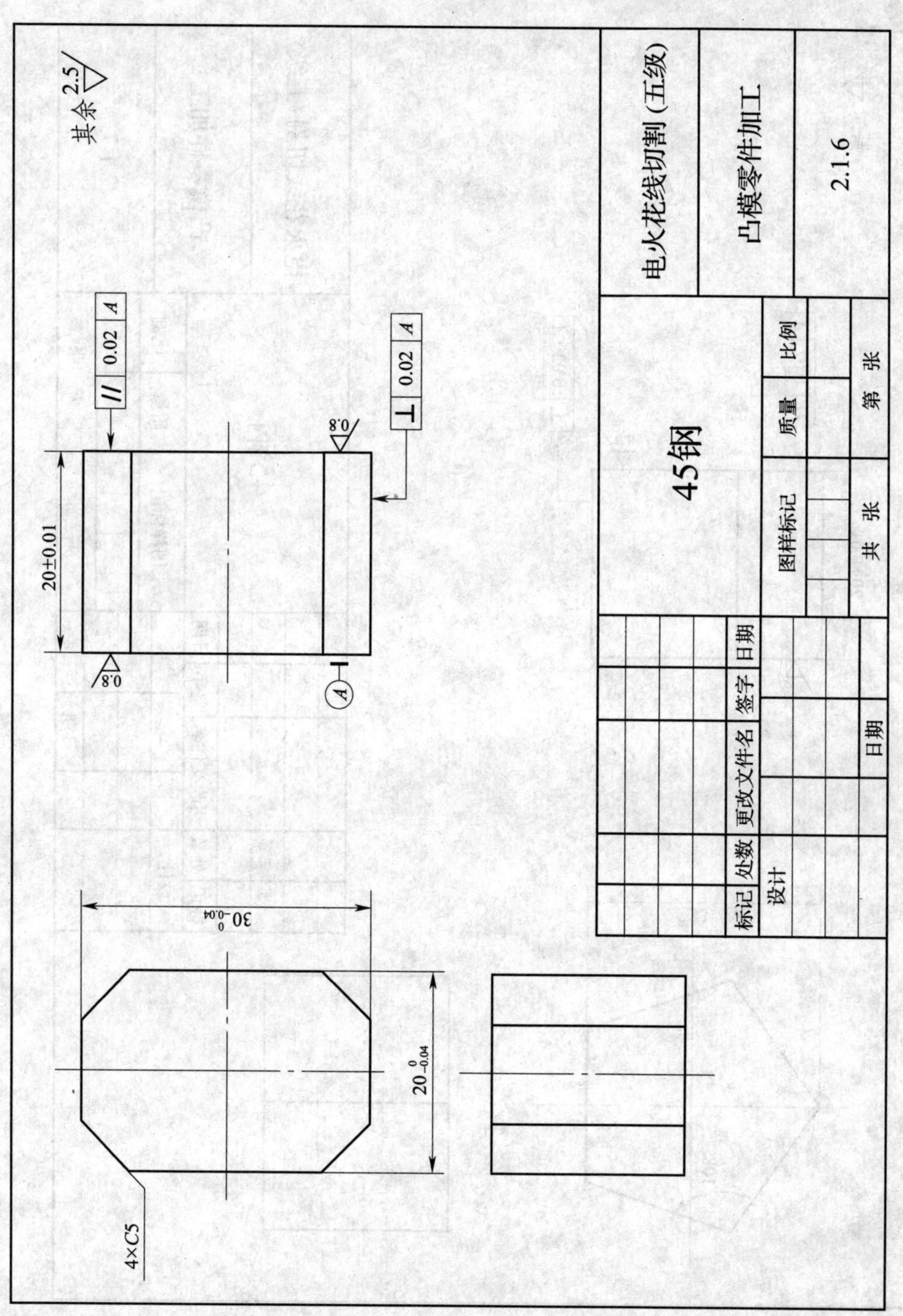
其余 2.5
0.02 A
0.02 A
20±0.01
0.8
0.8
A
$30^{\ 0}_{-0.04}$
$20^{\ 0}_{-0.04}$
4×C5
电火花线切割（五级）
凸模零件加工
2.1.6
45钢
图样标记
质量
比例
共　张
第　张
标记
处数
更改文件名
签字
日期
设计
日期

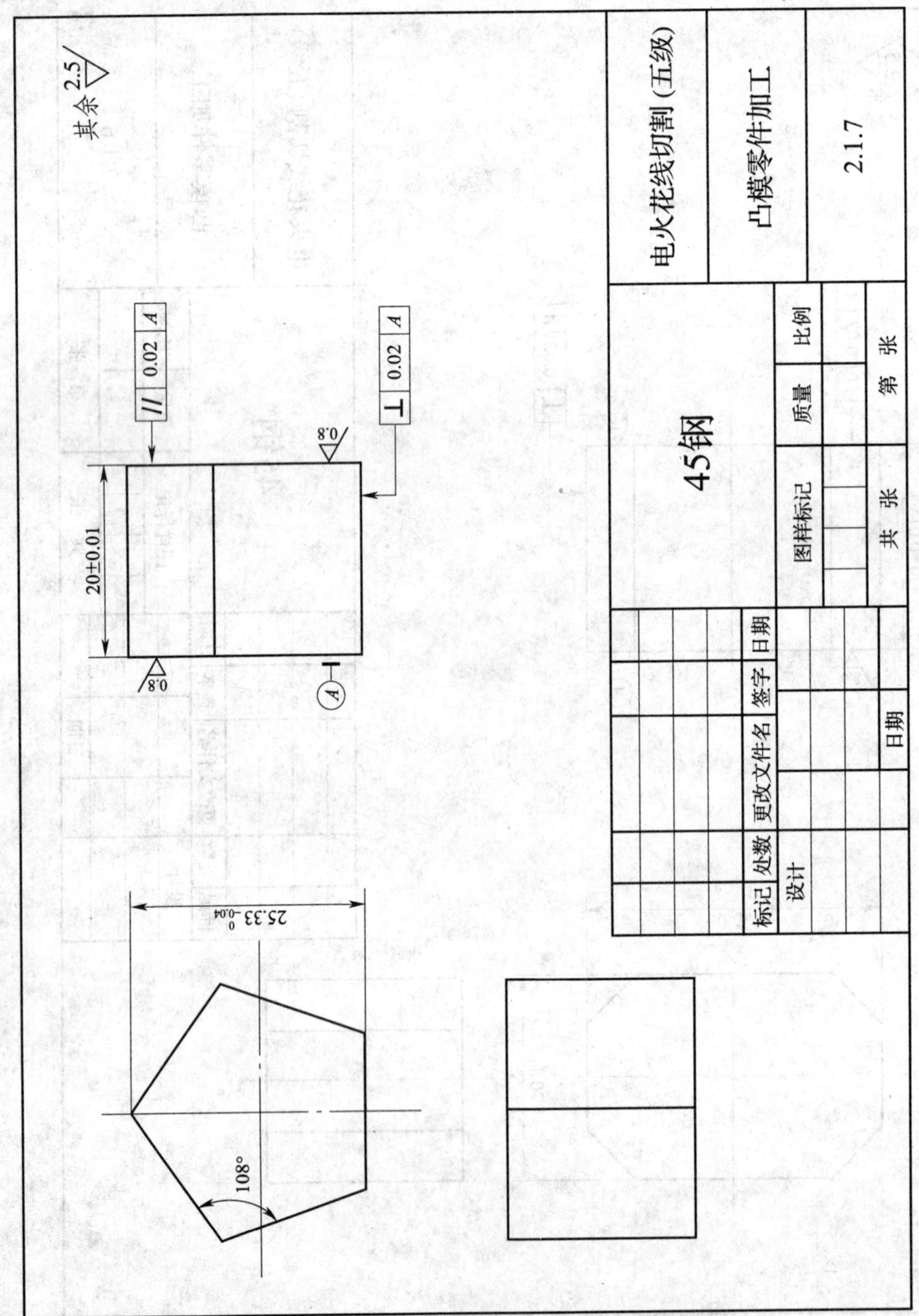

其余 2.5
// 0.02 A
⊥ 0.02 A
20±0.01
0.8
0.8
A
25.33 $^{0}_{-0.04}$
108°
电火花线切割(五级)
凸模零件加工
2.1.7
45钢
图样标记
质量
比例
共 张
第 张
标记
处数
更改文件名
签字
日期
设计
日期

3. 评分表

同上题。

七、凸模零件线切割加工（七）（试题代码：2.1.8；考核时间：60 min）

1. 试题单

（1）操作条件

1）零件图样（图号 2.1.8）。

2）加工设备（CNC 快走丝电火花线切割机床）。

3）电极丝、加工坯料、游标卡尺、工具。

4）提供的数控程序已在机床中。

（2）操作内容

1）程序调用，电参数设置，轨迹模拟加工。

2）手动穿丝。

3）工件的装夹、校正及定位。

4）根据零件图样（图号 2.1.8）和加工程序完成零件加工。

5）文明生产和机床清洁。

（3）操作要求

1）完成程序调用、电参数设置、轨迹模拟加工。

2）完成毛坯装夹、工件校正及定位，并且符合工艺性。

3）完成手动穿丝。

4）按零件图样（图号 2.1.8）完成零件加工。

5）文明操作及安全生产。

2. 试题图 2.1.8

3. 评分表

同上题。

八、凸模零件线切割加工（八）（试题代码：2.1.9；考核时间：60 min）

1. 试题单

（1）操作条件

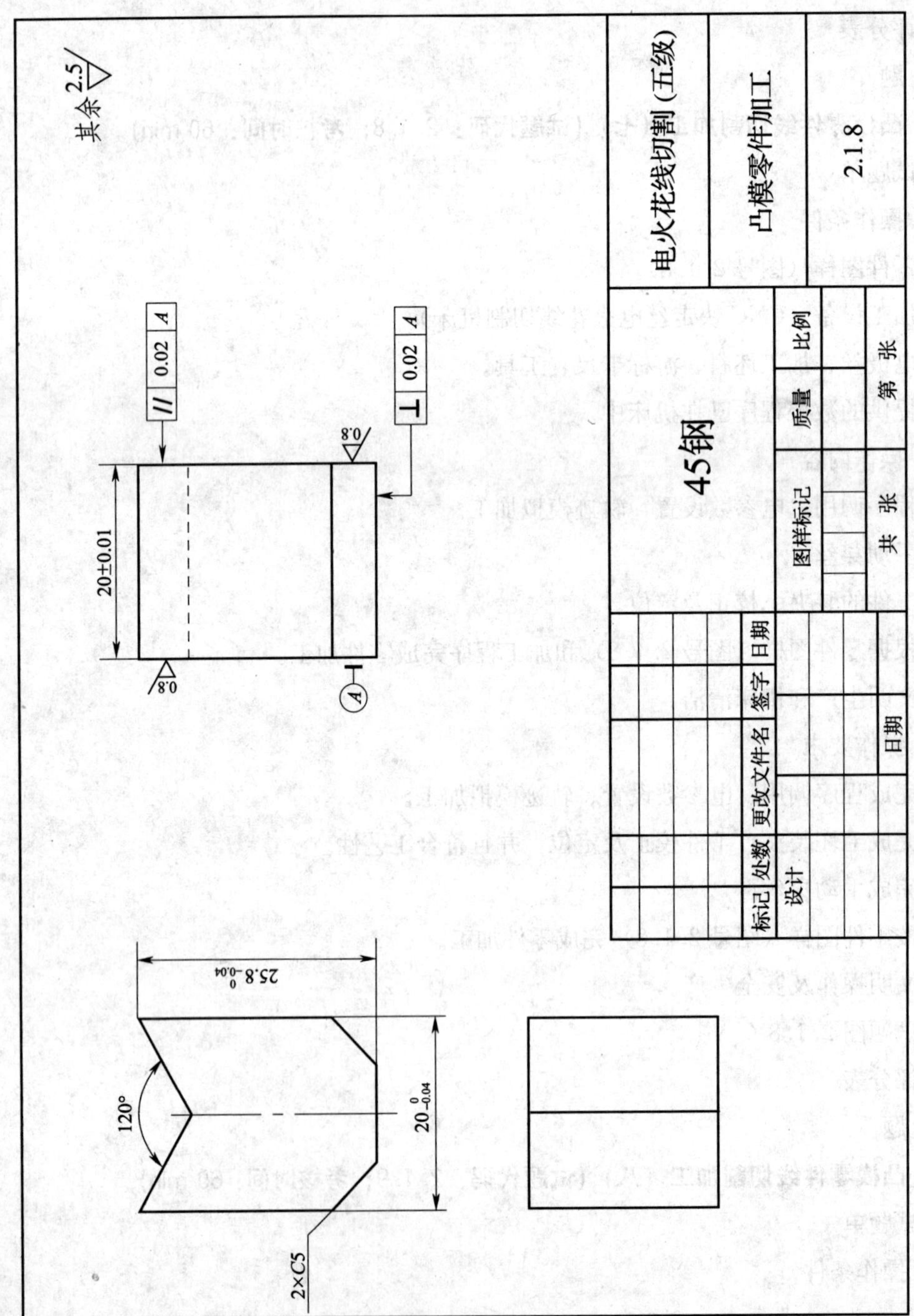

电火花线切割(五级)
凸模零件加工
2.1.8
45钢
图样标记
质量
比例
共 张
第 张
标记
处数
更改文件名
签字
日期
设计
日期
其余 2.5
20±0.01
0.02 A
0.8
25.8 0 -0.04
20 0 -0.04
120°
2×C5

1）零件图样（图号 2.1.9）。

2）加工设备（CNC 快走丝电火花线切割机床）。

3）电极丝、加工坯料、游标卡尺、工具。

4）提供的数控程序已在机床中。

（2）操作内容

1）程序调用，电参数设置，轨迹模拟加工。

2）手动穿丝。

3）工件的装夹、校正及定位。

4）根据零件图样（图号 2.1.9）和加工程序完成零件加工。

5）文明生产和机床清洁。

（3）操作要求

1）完成程序调用、电参数设置、轨迹模拟加工。

2）完成毛坯装夹、工件校正及定位，并且符合工艺性。

3）完成手动穿丝。

4）按零件图样（图号 2.1.9）完成零件加工。

5）文明操作及安全生产。

2. 试题图 2.1.9

3. 评分表

同上题。

九、凸模零件线切割加工（九）（试题代码：2.1.10；考核时间：60 min）

1. 试题单

（1）操作条件

1）零件图样（图号 2.1.10）。

2）加工设备（CNC 快走丝电火花线切割机床）。

3）电极丝、加工坯料、游标卡尺、工具。

4）提供的数控程序已在机床中。

（2）操作内容

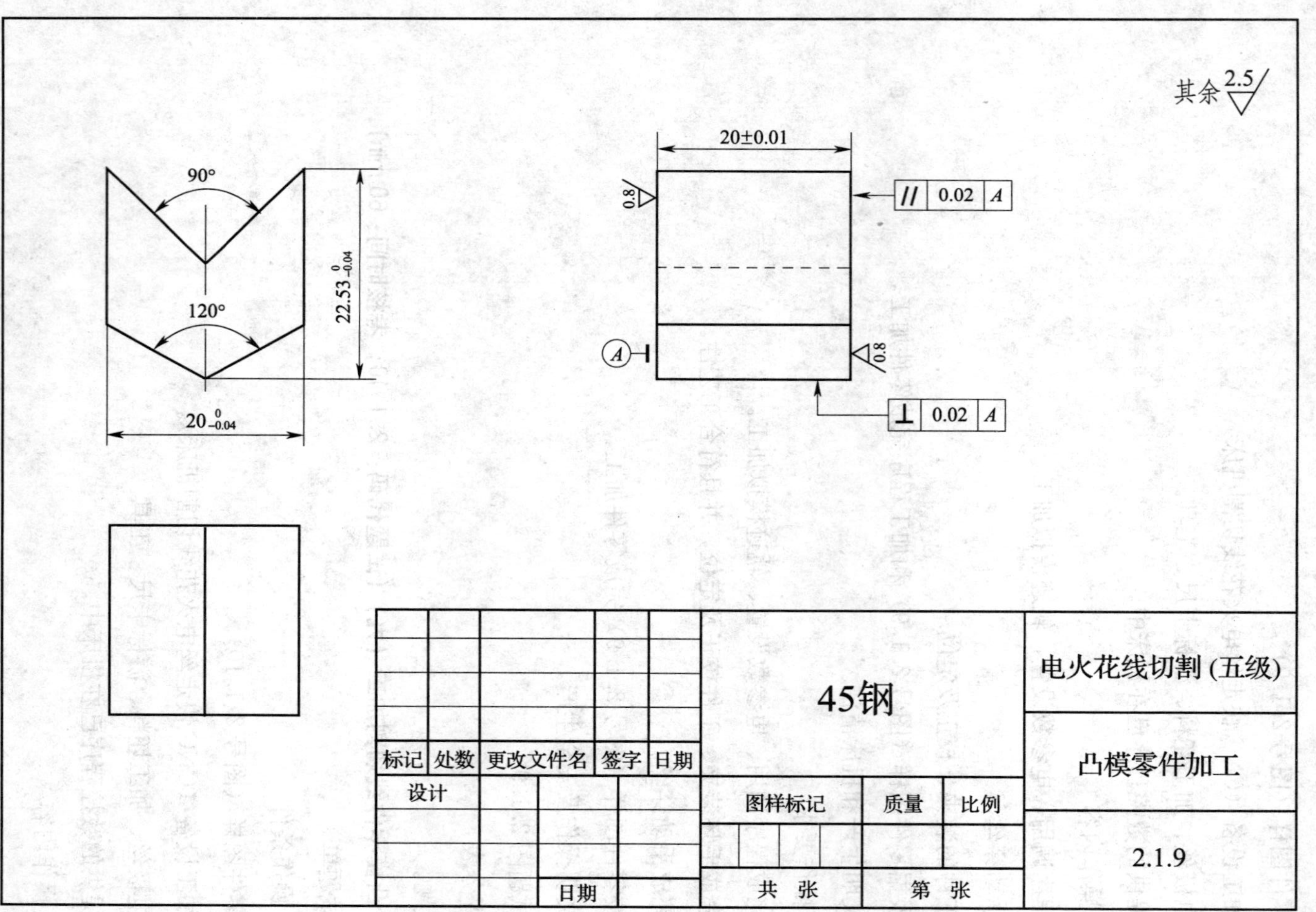
其余 2.5
90°
120°
$22.53_{-0.04}^{0}$
$20_{-0.04}^{0}$
20±0.01
0.8
0.8
// 0.02 A
⊥ 0.02 A
A
45钢
电火花线切割（五级）
凸模零件加工
2.1.9
标记
处数
更改文件名
签字
日期
设计
日期
图样标记
质量
比例
共 张
第 张

1）程序调用，电参数设置，轨迹模拟加工。

2）手动穿丝。

3）工件的装夹、校正及定位。

4）根据零件图样（图号 2. 1. 10）和加工程序完成零件加工。

5）文明生产和机床清洁。

（3）操作要求

1）完成程序调用、电参数设置、轨迹模拟加工。

2）完成毛坯装夹、工件校正及定位，并且符合工艺性。

3）完成手动穿丝。

4）按零件图样（图号 2. 1. 10）完成零件加工。

5）文明操作及安全生产。

2. 试题图 2. 1. 10

3. 评分表

同上题。

十、凸模零件线切割加工（十）（试题代码：2. 1. 11；考核时间：60 min）

1. 试题单

（1）操作条件

1）零件图样（图号 2. 1. 11）。

2）加工设备（CNC 快走丝电火花线切割机床）。

3）电极丝、加工坯料、游标卡尺、工具。

4）提供的数控程序已在机床中。

（2）操作内容

1）程序调用，电参数设置，轨迹模拟加工。

2）手动穿丝。

3）工件的装夹、校正及定位。

4）根据零件图样（图号 2. 1. 11）和加工程序完成零件加工。

5）文明生产和机床清洁。

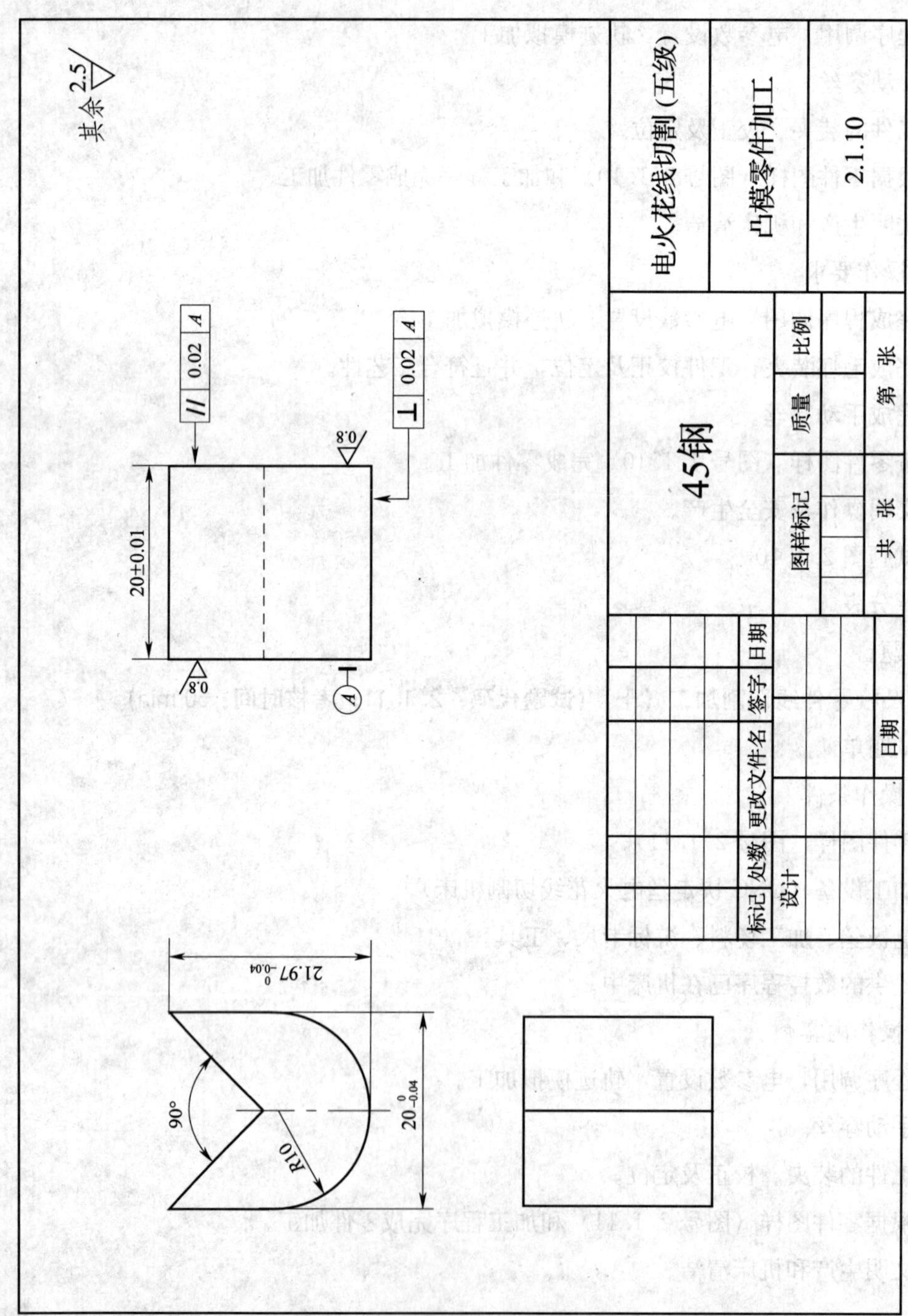
其余 2.5
0.02 A
0.02 A
0.8
0.8
20±0.01
A
21.97 $^{0}_{-0.04}$
20 $^{0}_{-0.04}$
90°
R10
电火花线切割(五级)
凸模零件加工
2.1.10
45钢
图样标记
质量
比例
共 张
第 张
标记
处数
更改文件名
签字
日期
设计
日期

(3) 操作要求

1) 完成程序调用、电参数设置、轨迹模拟加工。

2) 完成毛坯装夹、工件校正及定位，并且符合工艺性。

3) 完成手动穿丝。

4) 按零件图样（图号 2.1.11）完成零件加工。

5) 文明操作及安全生产。

2. 试题图 2.1.11

3. 评分表

同上题。

十一、凸模零件线切割加工（十一）（试题代码：2.1.12；考核时间：60 min）

1. 试题单

(1) 操作条件

1) 零件图样（图号 2.1.12）。

2) 加工设备（CNC 快走丝电火花线切割机床）。

3) 电极丝、加工坯料、游标卡尺、工具。

4) 提供的数控程序已在机床中。

(2) 操作内容

1) 程序调用，电参数设置，轨迹模拟加工。

2) 手动穿丝。

3) 工件的装夹、校正及定位。

4) 根据零件图样（图号 2.1.12）和加工程序完成零件加工。

5) 文明生产和机床清洁。

(3) 操作要求

1) 完成程序调用、电参数设置、轨迹模拟加工。

2) 完成毛坯装夹、工件校正及定位，并且符合工艺性。

3) 完成手动穿丝。

4) 按零件图样（图号 2.1.12）完成零件加工。

5) 文明操作及安全生产。

2. 试题图 2.1.12

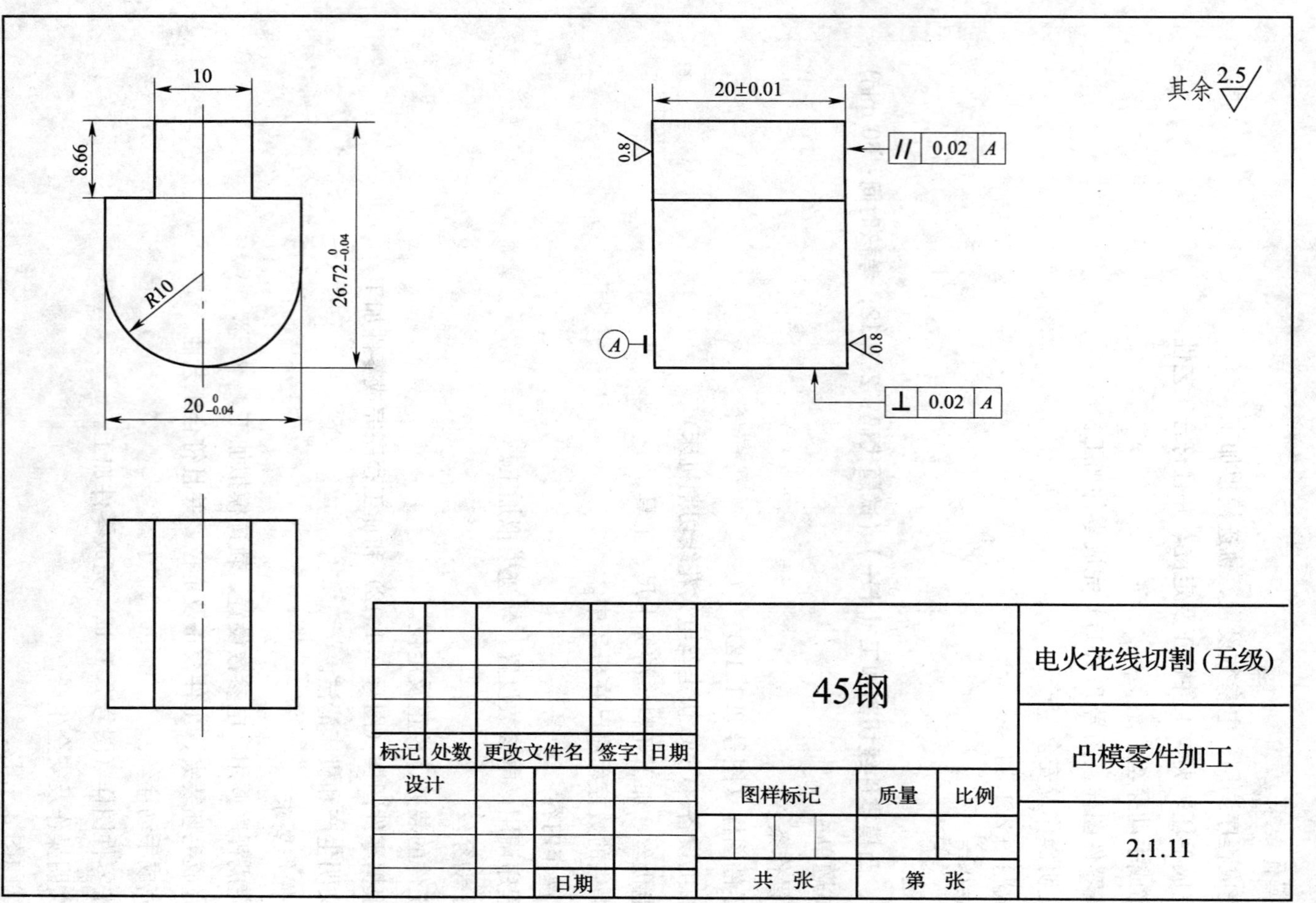
10
8.66
R10
26.72 0 -0.04
20 0 -0.04
20±0.01
0.8
// 0.02 A
A
0.8
⊥ 0.02 A
其余 2.5
45钢
电火花线切割(五级)
凸模零件加工
2.1.11
标记
处数
更改文件名
签字
日期
设计
日期
图样标记
质量
比例
共 张
第 张

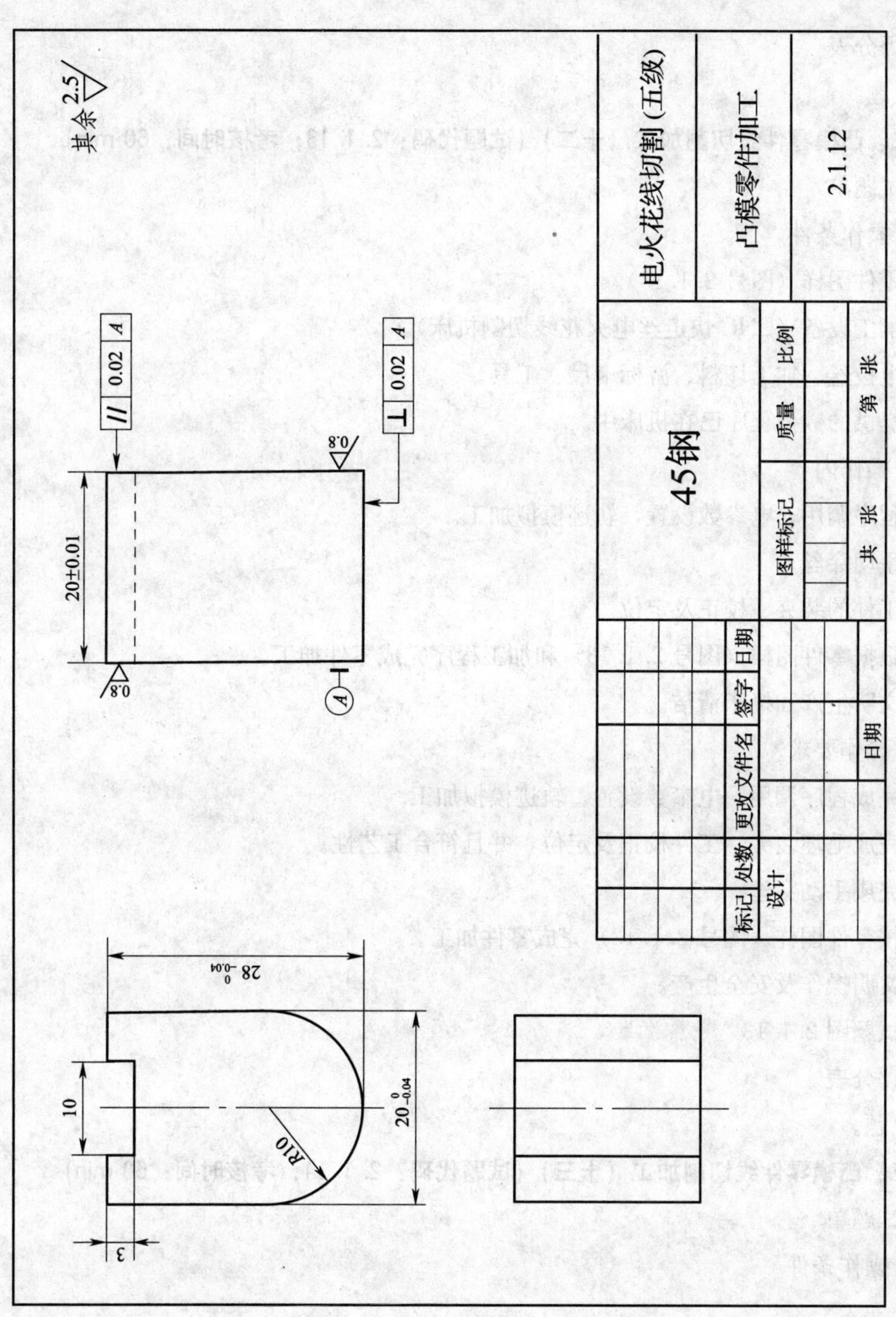
电火花线切割(五级)
凸模零件加工
2.1.12
45钢
图样标记
质量
比例
共　张
第　张
标记
处数
更改文件名
签字
日期
设计
日期
其余 2.5
0.8
// 0.02 A
⊥ 0.02 A
A
20±0.01
$28^{\ 0}_{-0.04}$
$20^{\ 0}_{-0.04}$
10
R10
3

3. 评分表

同上题。

十二、凸模零件线切割加工（十二）（试题代码：2.1.13；考核时间：60 min）

1. 试题单

（1）操作条件

1）零件图样（图号 2.1.13）。

2）加工设备（CNC 快走丝电火花线切割机床）。

3）电极丝、加工坯料、游标卡尺、工具。

4）提供的数控程序已在机床中。

（2）操作内容

1）程序调用，电参数设置，轨迹模拟加工。

2）手动穿丝。

3）工件的装夹、校正及定位。

4）根据零件图样（图号 2.1.13）和加工程序完成零件加工。

5）文明生产和机床清洁。

（3）操作要求

1）完成程序调用、电参数设置、轨迹模拟加工。

2）完成毛坯装夹、工件校正及定位，并且符合工艺性。

3）完成手动穿丝。

4）按零件图样（图号 2.1.13）完成零件加工。

5）文明操作及安全生产。

2. 试题图 2.1.13

3. 评分表

同上题。

十三、凸模零件线切割加工（十三）（试题代码：2.1.14；考核时间：60 min）

1. 试题单

（1）操作条件

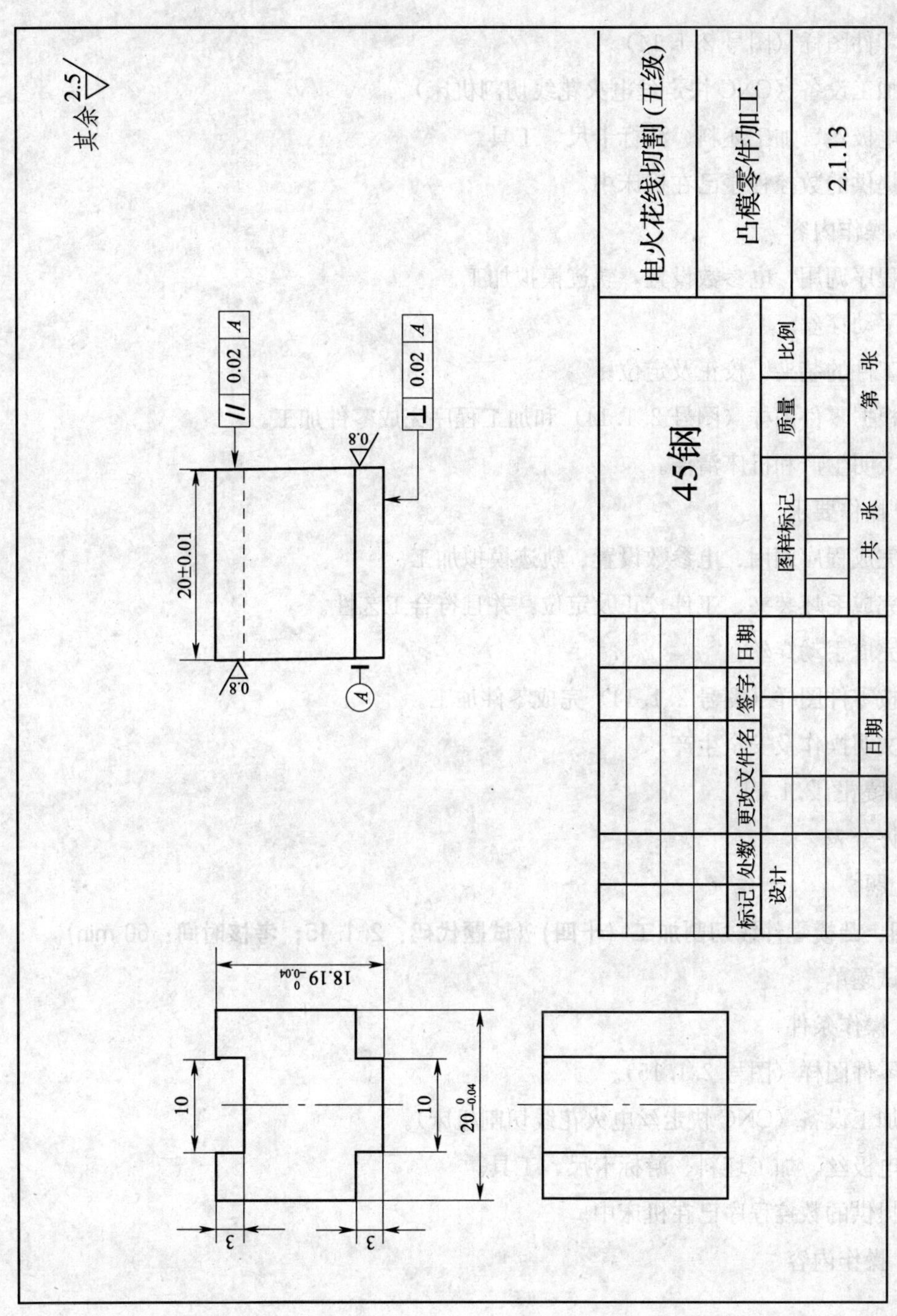
其余 2.5
0.02 A
0.02 A
0.8
0.8
20±0.01
A
18.19 0 -0.04
10
10
20 0 -0.04
3
3
电火花线切割(五级)
凸模零件加工
2.1.13
45钢
图样标记
质量
比例
共　张
第　张
标记
处数
更改文件名
签字
日期
设计
日期

1）零件图样（图号 2.1.14）。

2）加工设备（CNC 快走丝电火花线切割机床）。

3）电极丝、加工坯料、游标卡尺、工具。

4）提供的数控程序已在机床中。

（2）操作内容

1）程序调用，电参数设置，轨迹模拟加工。

2）手动穿丝。

3）工件的装夹、校正及定位。

4）根据零件图样（图号 2.1.14）和加工程序完成零件加工。

5）文明生产和机床清洁。

（3）操作要求

1）完成程序调用、电参数设置、轨迹模拟加工。

2）完成毛坯装夹、工件校正及定位，并且符合工艺性。

3）完成手动穿丝。

4）按零件图样（图号 2.1.14）完成零件加工。

5）文明操作及安全生产。

2. 试题图 2.1.14

3. 评分表

同上题。

十四、凸模零件线切割加工（十四）（试题代码：2.1.15；考核时间：60 min）

1. 试题单

（1）操作条件

1）零件图样（图号 2.1.15）。

2）加工设备（CNC 快走丝电火花线切割机床）。

3）电极丝、加工坯料、游标卡尺、工具。

4）提供的数控程序已在机床中。

（2）操作内容

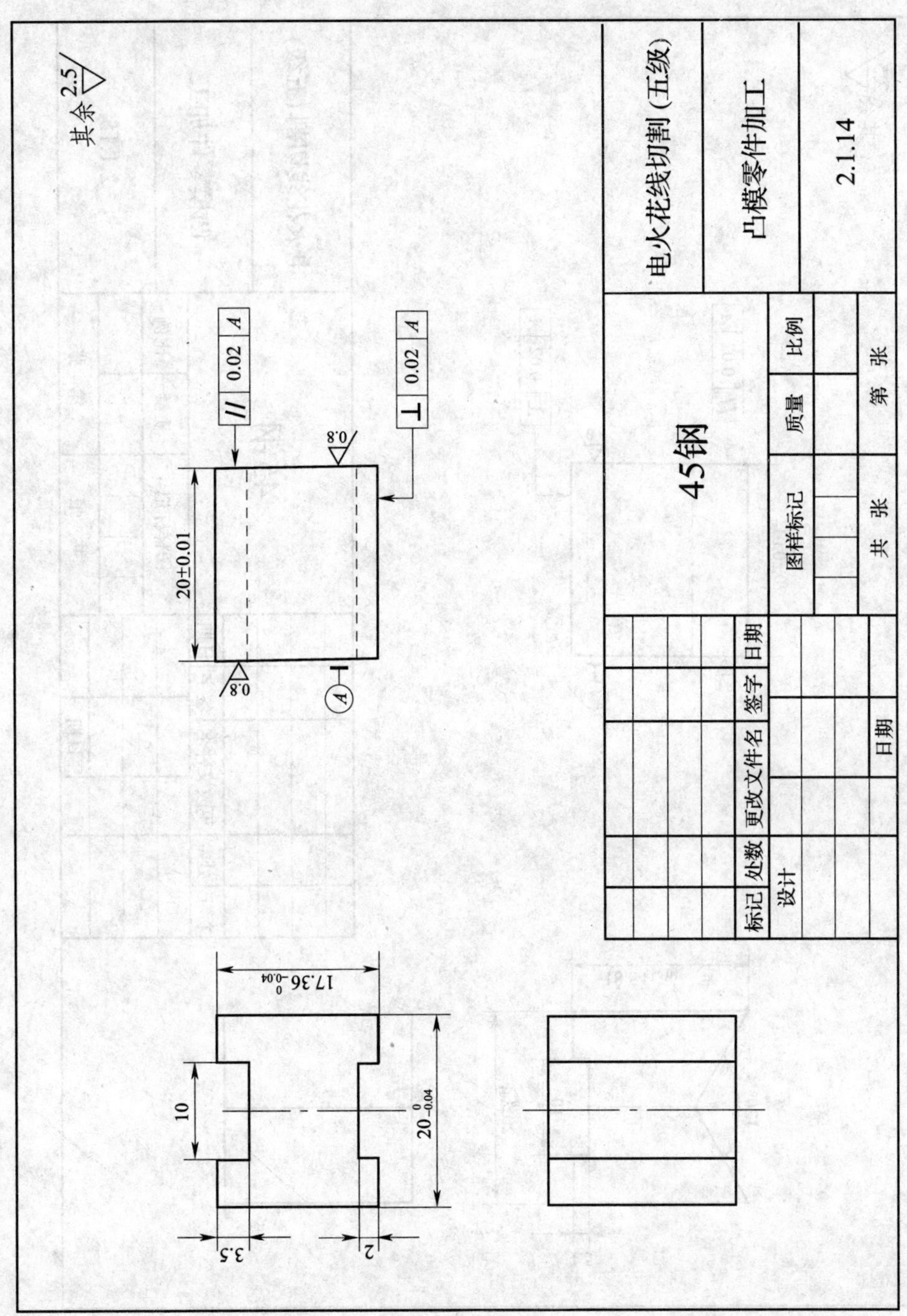

其余 2.5
0.02 A
0.02 A
0.8
0.8
20±0.01
A
17.36 $^{0}_{-0.04}$
10
$20^{0}_{-0.04}$
3.5
2
电火花线切割（五级）
凸模零件加工
2.1.14
45钢
图样标记
质量
比例
共　张
第　张
标记
处数
更改文件名
签字
日期
设计
日期

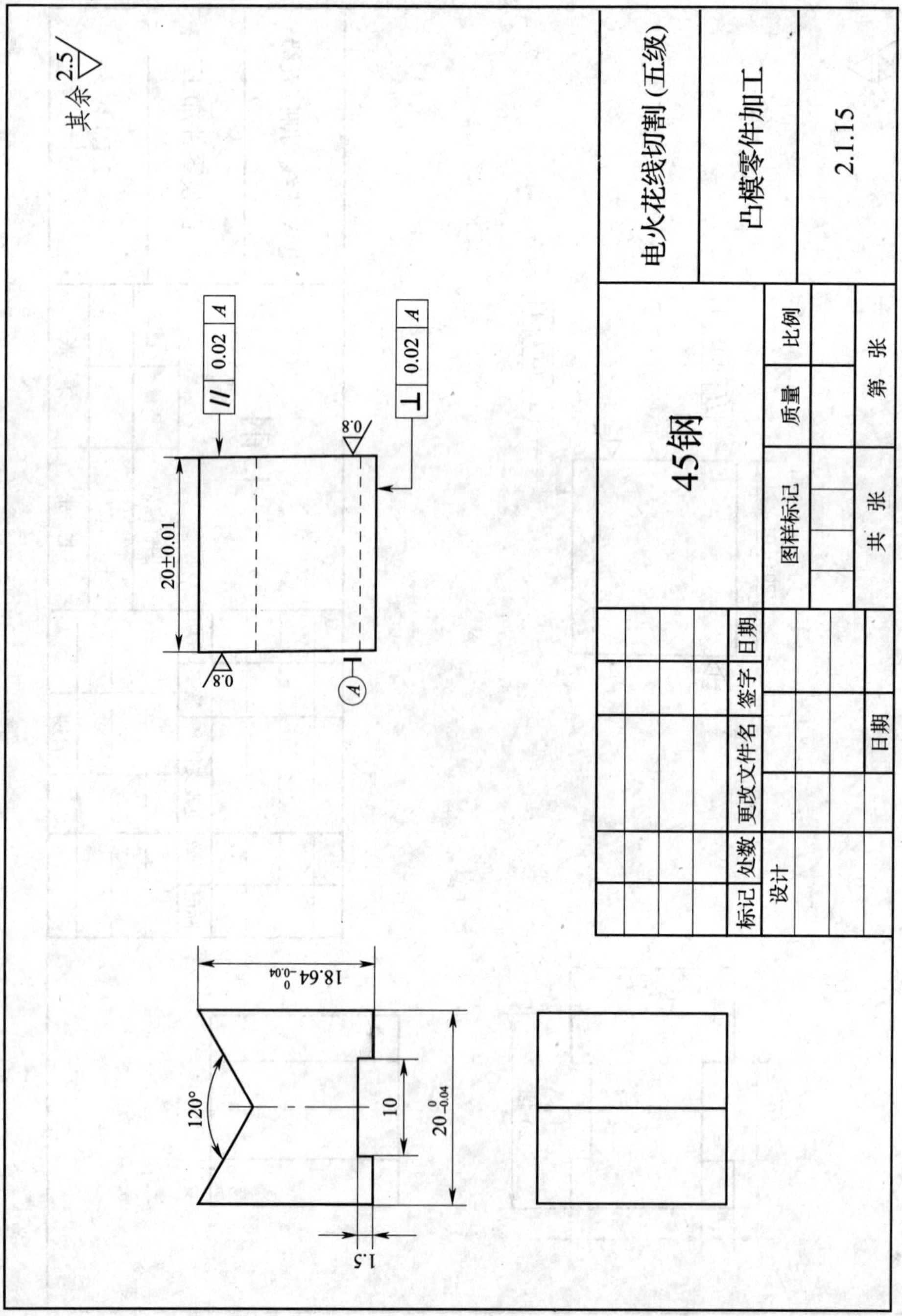

其余 $\sqrt{2.5}$

// 0.02 A

⊥ 0.02 A

$\sqrt{0.8}$

20±0.01

$\sqrt{0.8}$

A

$18.64^{0}_{-0.04}$

120°

10

$20^{0}_{-0.04}$

1.5

电火花线切割（五级）

凸模零件加工

2.1.15

45钢

标记 处数 更改文件名 签字 日期

设计 日期

图样标记 质量 比例

共 张 第 张

1）程序调用，电参数设置，轨迹模拟加工。

2）手动穿丝。

3）工件的装夹、校正及定位。

4）根据零件图样（图号 2.1.15）和加工程序完成零件加工。

5）文明生产和机床清洁。

（3）操作要求

1）完成程序调用、电参数设置、轨迹模拟加工。

2）完成毛坯装夹、工件校正及定位，并且符合工艺性。

3）完成手动穿丝。

4）按零件图样（图号 2.1.15）完成零件加工。

5）文明操作及安全生产。

2. 试题图 2.1.15

3. 评分表

同上题。

零件测绘

一、凸模零件测绘（一）（试题代码：3.1.2；考核时间：30 min）

1. 试题单

（1）操作条件

1）测量工具（游标卡尺、万能角度尺）。

2）线切割测量件（凸模），如下图所示。

（2）操作内容

1）使用量具测量零件尺寸。

2）徒手绘制零件草图。

3）标注零件尺寸。

（3）操作要求

1）合理选用量具，正确测量零件尺寸。

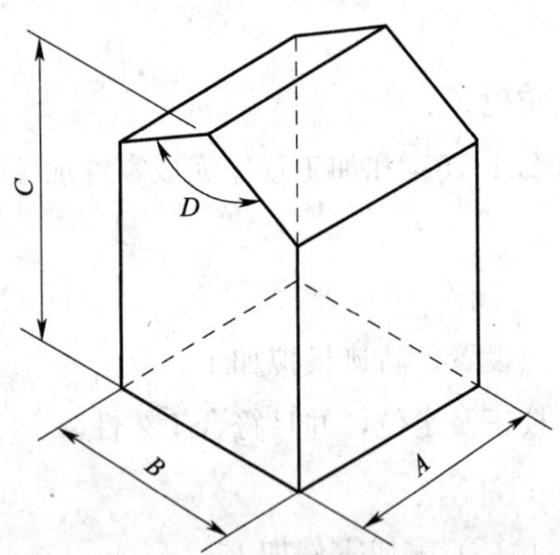

2）根据被测量件，在答题单上徒手绘制零件三视草图。

3）根据三维立体图上标明的要求，在三视草图上标注（*A*、*B*、*C*、*D*）零件尺寸，公差为±0.04 mm，角度误差为±1°。

2. 答题卷

根据试题单要求测量零件，绘制三视草图，标注尺寸。

3. 评分表

<table>
<tr><td colspan="2">试题代码及名称</td><td colspan="3">3.1.2～3.1.15 凸模零件测绘</td><td colspan="5">考核时间</td><td>30 min</td></tr>
<tr><td colspan="2" rowspan="2">评价要素</td><td rowspan="2">配分</td><td rowspan="2">等级</td><td rowspan="2">评分细则</td><td colspan="5">评定等级</td><td rowspan="2">得分</td></tr>
<tr><td>A</td><td>B</td><td>C</td><td>D</td><td>E</td></tr>
<tr><td rowspan="5">1</td><td rowspan="5">零件检测</td><td rowspan="5">5</td><td>A</td><td>检测零件尺寸完全正确</td><td rowspan="5"></td><td rowspan="5"></td><td rowspan="5"></td><td rowspan="5"></td><td rowspan="5"></td><td rowspan="5"></td></tr>
<tr><td>B</td><td>1 处检测不正确</td></tr>
<tr><td>C</td><td>2 处检测不正确</td></tr>
<tr><td>D</td><td>3 处及以上检测不正确</td></tr>
<tr><td>E</td><td>未答题</td></tr>
<tr><td rowspan="5">2</td><td rowspan="5">草图绘制</td><td rowspan="5">3</td><td>A</td><td>草图绘制正确</td><td rowspan="5"></td><td rowspan="5"></td><td rowspan="5"></td><td rowspan="5"></td><td rowspan="5"></td><td rowspan="5"></td></tr>
<tr><td>B</td><td>草图绘制有 1 处不正确</td></tr>
<tr><td>C</td><td>草图绘制有 2～3 处不正确</td></tr>
<tr><td>D</td><td>草图绘制有 3 处及以上不正确</td></tr>
<tr><td>E</td><td>未答题</td></tr>
</table>

续表

<table>
<tr><td colspan="2">试题代码及名称</td><td colspan="3">3.1.2～3.1.15 凸模零件测绘</td><td colspan="4">考核时间</td><td>30 min</td></tr>
<tr><td colspan="2" rowspan="2">评价要素</td><td rowspan="2">配分</td><td rowspan="2">等级</td><td rowspan="2">评分细则</td><td colspan="5">评定等级</td><td rowspan="2">得分</td></tr>
<tr><td>A</td><td>B</td><td>C</td><td>D</td><td>E</td></tr>
<tr><td rowspan="5">3</td><td rowspan="5">尺寸标注</td><td rowspan="5">2</td><td>A</td><td>尺寸标注正确</td><td rowspan="5"></td><td rowspan="5"></td><td rowspan="5"></td><td rowspan="5"></td><td rowspan="5"></td><td rowspan="5"></td></tr>
<tr><td>B</td><td>尺寸标注有 1 处不正确</td></tr>
<tr><td>C</td><td>尺寸标注有 2 处不正确</td></tr>
<tr><td>D</td><td>尺寸标注有 3 处及以上不正确</td></tr>
<tr><td>E</td><td>未答题</td></tr>
<tr><td colspan="2">合计配分</td><td>10</td><td colspan="7">合计得分</td><td></td></tr>
</table>

等级	A（优）	B（良）	C（及格）	D（差）	E（未答题）
比值	1.0	0.8	0.6	0.2	0

“评价要素”得分＝配分×等级比值。

二、凸模零件测绘（二）（试题代码：3.1.3；考核时间：30 min）

1. 试题单

（1）操作条件

1）测量工具（游标卡尺、万能角度尺）。

2）线切割测量件（凸模），如下图所示。

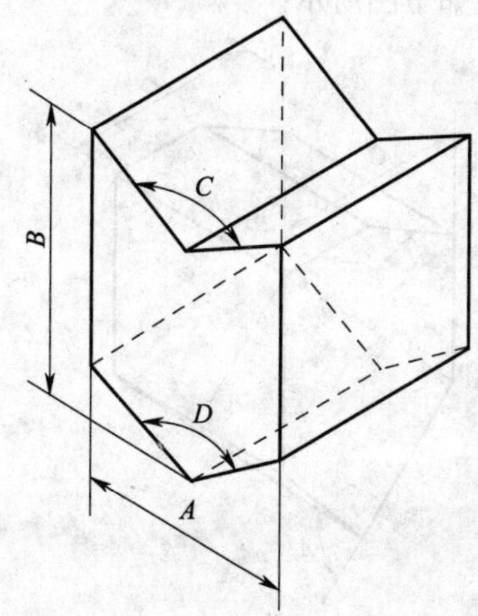

（2）操作内容

1）使用量具测量零件尺寸。

2）徒手绘制零件草图。

3）标注零件尺寸。

（3）操作要求

1）合理选用量具，正确测量零件尺寸。

2）根据被测量件，在答题单上徒手绘制零件三视草图。

3）根据三维立体图上标明的要求，在三视草图上标注（*A*、*B*、*C*、*D*）零件尺寸，公差为±0.04 mm，角度误差为±1°。

2. 答题卷

根据试题单要求测量零件，绘制三视草图，标注尺寸。

3. 评分表

同上题。

三、凸模零件测绘（三）（试题代码：3.1.4；考核时间：30 min）

1. 试题单

（1）操作条件

1）测量工具（游标卡尺、万能角度尺）。

2）线切割测量件（凸模），如下图所示。

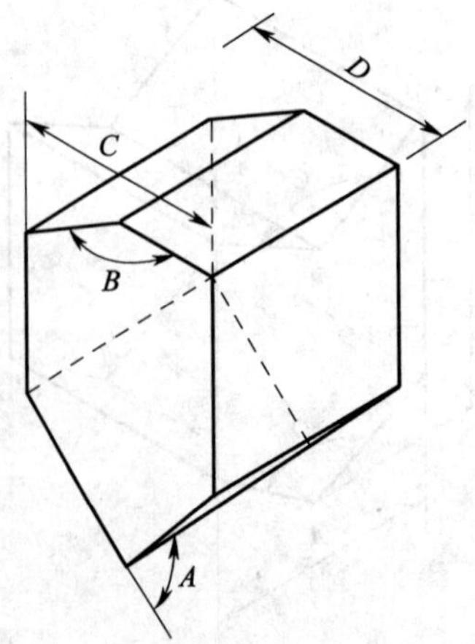

(2) 操作内容

1) 使用量具测量零件尺寸。

2) 徒手绘制零件草图。

3) 标注零件尺寸。

(3) 操作要求

1) 合理选用量具，正确测量零件尺寸。

2) 根据被测量件，在答题单上徒手绘制零件三视草图。

3) 根据三维立体图上标明的要求，在三视草图上标注（A、B、C、D）零件尺寸，公差为±0.04 mm，角度误差为±1°。

2. 答题卷

根据试题单要求测量零件，绘制三视草图，标注尺寸。

3. 评分表

同上题。

四、凸模零件测绘（四）（试题代码：3.1.5；考核时间：30 min）

1. 试题单

(1) 操作条件

1) 测量工具（游标卡尺、万能角度尺）。

2) 线切割测量件（凸模），如下图所示。

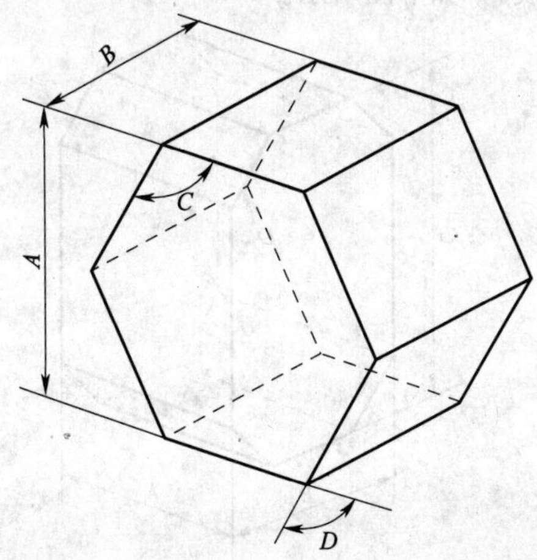

（2）操作内容

1）使用量具测量零件尺寸。

2）徒手绘制零件草图。

3）标注零件尺寸。

（3）操作要求

1）合理选用量具，正确测量零件尺寸。

2）根据被测量件，在答题单上徒手绘制零件三视草图。

3）根据三维立体图上标明的要求，在三视草图上标注（A、B、C、D）零件尺寸，公差为±0.04 mm，角度误差为±1°。

2. 答题卷

根据试题单要求测量零件，绘制三视草图，标注尺寸。

3. 评分表

同上题。

五、凸模零件测绘（五）（试题代码：3.1.6；考核时间：30 min）

1. 试题单

（1）操作条件

1）测量工具（游标卡尺、万能角度尺）。

2）线切割测量件（凸模），如下图所示。

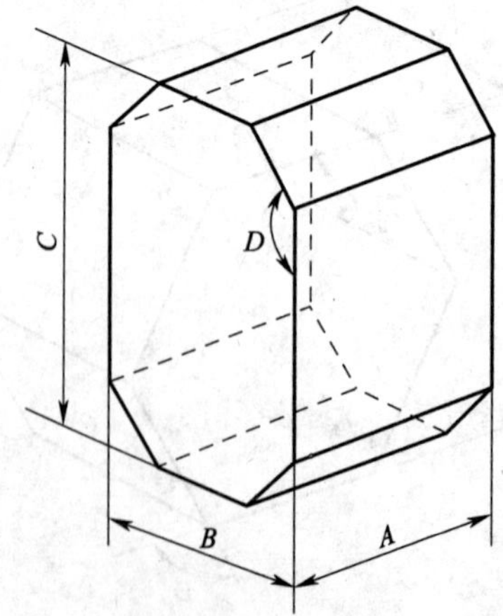

(2) 操作内容

1) 使用量具测量零件尺寸。

2) 徒手绘制零件草图。

3) 标注零件尺寸。

(3) 操作要求

1) 合理选用量具，正确测量零件尺寸。

2) 根据被测量件，在答题单上徒手绘制零件三视草图。

3) 根据三维立体图上标明的要求，在三视草图上标注（A、B、C、D）零件尺寸，公差为±0.04 mm，角度误差为±1°。

2. 答题卷

根据试题单要求测量零件，绘制三视草图，标注尺寸。

3. 评分表

同上题。

六、凸模零件测绘（六）(试题代码：3.1.7；考核时间：30 min)

1. 试题单

(1) 操作条件

1) 测量工具（游标卡尺、万能角度尺）。

2) 线切割测量件（凸模），如下图所示。

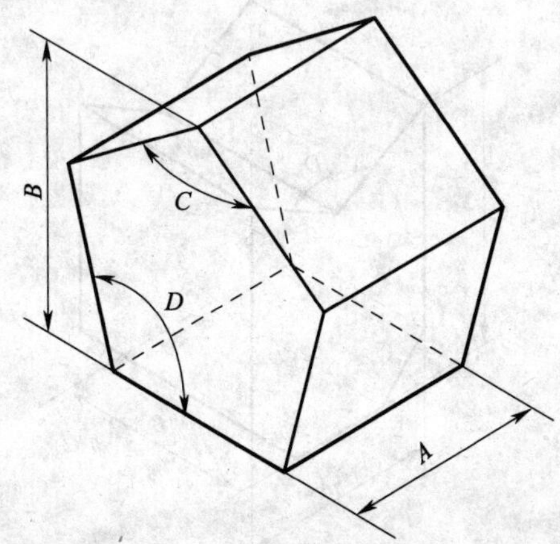

（2）操作内容

1）使用量具测量零件尺寸。

2）徒手绘制零件草图。

3）标注零件尺寸。

（3）操作要求

1）合理选用量具，正确测量零件尺寸。

2）根据被测量件，在答题单上徒手绘制零件三视草图。

3）根据三维立体图上指明的要求，在三视草图上标注（A、B、C、D）零件尺寸，公差为±0.04 mm，角度误差为±1°。

2. 答题卷

根据试题单要求测量零件，绘制三视草图，标注尺寸。

3. 评分表

同上题。

七、凸模零件测绘（七）（试题代码：3.1.8；考核时间：30 min）

1. 试题单

（1）操作条件

1）测量工具（游标卡尺、万能角度尺）。

2）线切割测量件（凸模），如下图所示。

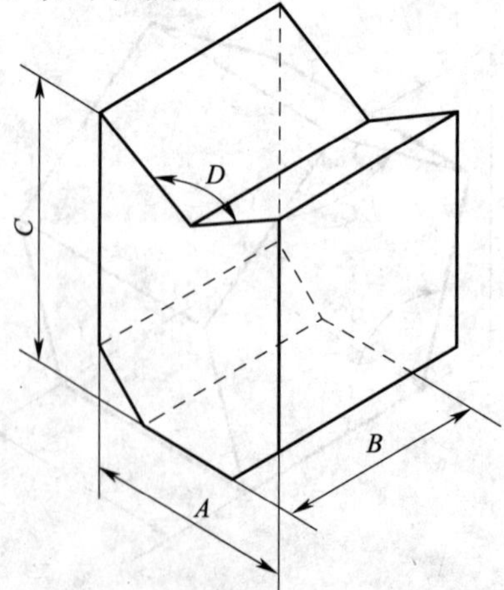

（2）操作内容

1）使用量具测量零件尺寸。

2）徒手绘制零件草图。

3）标注零件尺寸。

（3）操作要求

1）合理选用量具，正确测量零件尺寸。

2）根据被测量件，在答题单上徒手绘制零件三视草图。

3）根据三维立体图上标明的要求，在三视草图上标注（A、B、C、D）零件尺寸，公差为±0.04 mm，角度误差为±1°。

2. 答题卷

根据试题单要求测量零件，绘制三视草图，标注尺寸。

3. 评分表

同上题。

八、凸模零件测绘（八）（试题代码：3.1.9；考核时间：30 min）

1. 试题单

（1）操作条件

1）测量工具（游标卡尺、万能角度尺）。

2）线切割测量件（凸模），如下图所示。

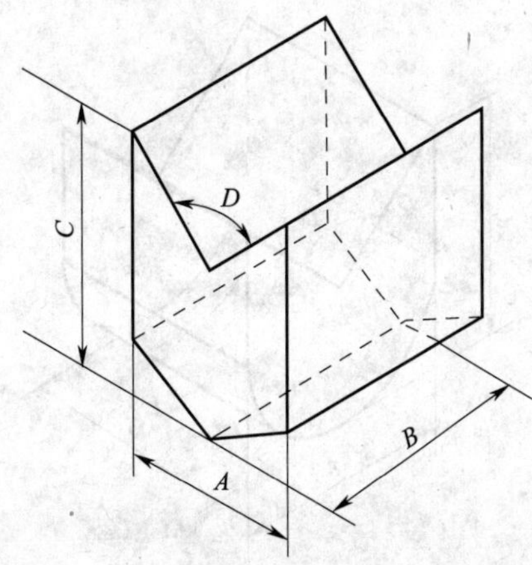

(2) 操作内容

1）使用量具测量零件尺寸。

2）徒手绘制零件草图。

3）标注零件尺寸。

(3) 操作要求

1）合理选用量具，正确测量零件尺寸。

2）根据被测量件，在答题单上徒手绘制零件三视草图。

3）根据三维立体图上标明的要求，在三视草图上标注（*A*、*B*、*C*、*D*）零件尺寸，公差为±0.04 mm，角度误差为±1°。

2. 答题卷

根据试题单要求测量零件，绘制三视草图，标注尺寸。

3. 评分表

同上题。

九、凸模零件测绘（九）(试题代码：3.1.10；考核时间：30 min)

1. 试题单

(1) 操作条件

1）测量工具（游标卡尺、万能角度尺）。

2）线切割测量件（凸模），如下图所示。

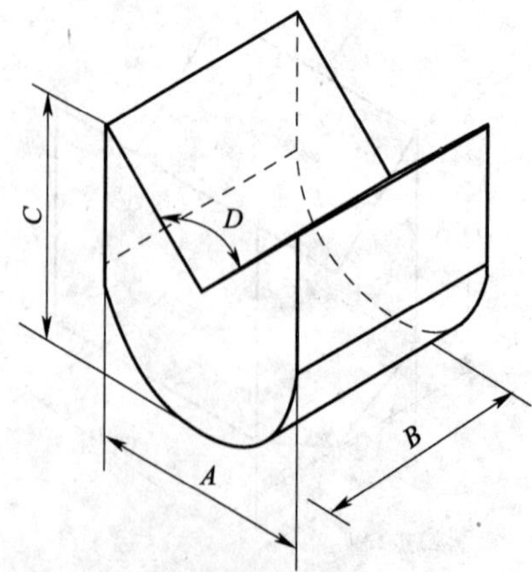

(2) 操作内容

1) 使用量具测量零件尺寸。

2) 徒手绘制零件草图。

3) 标注零件尺寸。

(3) 操作要求

1) 合理选用量具，正确测量零件尺寸。

2) 根据被测量件，在答题单上徒手绘制零件三视草图。

3) 根据三维立体图上标明的要求，在三视草图上标注（A、B、C、D）零件尺寸，公差为±0.04 mm，角度误差为±1°。

2. 答题卷

根据试题单要求测量零件，绘制三视草图，标注尺寸。

3. 评分表

同上题。

十、凸模零件测绘（十）（试题代码：3.1.11；考核时间：30 min）

1. 试题单

(1) 操作条件

1) 测量工具（游标卡尺、万能角度尺）。

2) 线切割测量件（凸模），如下图所示。

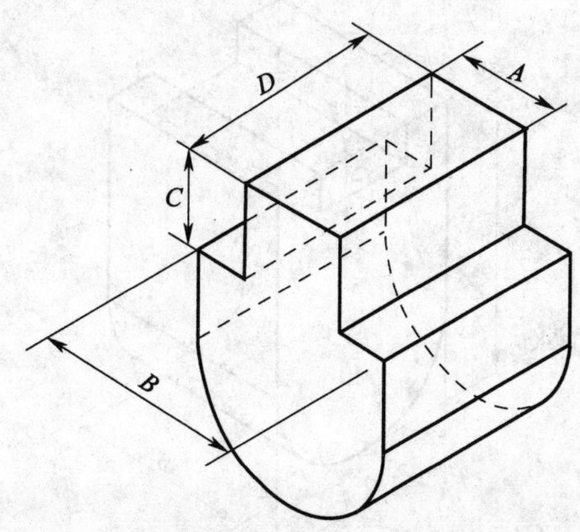

（2）操作内容

1）使用量具测量零件尺寸。

2）徒手绘制零件草图。

3）标注零件尺寸。

（3）操作要求

1）合理选用量具，正确测量零件尺寸。

2）根据被测量件，在答题单上徒手绘制零件三视草图。

3）根据三维立体图上标明的要求，在三视草图上标注（A、B、C、D）零件尺寸，公差为±0.04 mm，角度误差为±1°。

2. 答题卷

根据试题单要求测量零件，绘制三视草图，标注尺寸。

3. 评分表

同上题。

十一、凸模零件测绘（十一）（试题代码：3.1.12；考核时间：30 min）

1. 试题单

（1）操作条件

1）测量工具（游标卡尺、万能角度尺）。

2）线切割测量件（凸模），如下图所示。

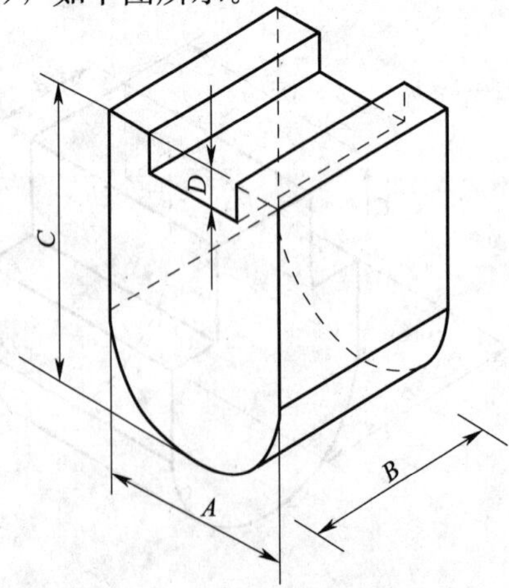

(2) 操作内容

1) 使用量具测量零件尺寸。

2) 徒手绘制零件草图。

3) 标注零件尺寸。

(3) 操作要求

1) 合理选用量具，正确测量零件尺寸。

2) 根据被测量件，在答题单上徒手绘制零件三视草图。

3) 根据三维立体图上标明的要求，在三视草图上标注（A、B、C、D）零件尺寸，公差为±0.04 mm，角度误差为±1°。

2. 答题卷

根据试题单要求测量零件，绘制三视草图，标注尺寸。

3. 评分表

同上题。

十二、凸模零件测绘（十二）（试题代码：3.1.13；考核时间：30 min）

1. 试题单

(1) 操作条件

1) 测量工具（游标卡尺、万能角度尺）。

2) 线切割测量件（凸模），如下图所示。

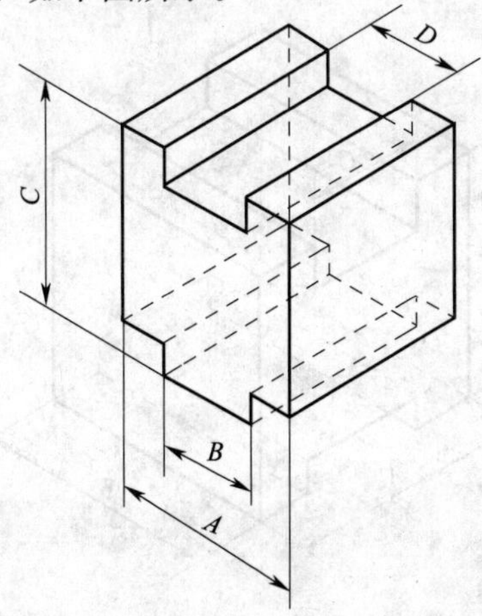

（2）操作内容

1）使用量具测量零件尺寸。

2）徒手绘制零件草图。

3）标注零件尺寸。

（3）操作要求

1）合理选用量具，正确测量零件尺寸。

2）根据被测量件，在答题单上徒手绘制零件三视草图。

3）根据三维立体图上标明的要求，在三视草图上标注（A、B、C、D）零件尺寸，公差为±0.04 mm，角度误差为±1°。

2. 答题卷

根据试题单要求测量零件，绘制三视草图，标注尺寸。

3. 评分表

同上题。

十三、凸模零件测绘（十三）（试题代码：3.1.14；考核时间：30 min）

1. 试题单

（1）操作条件

1）测量工具（游标卡尺、万能角度尺）。

2）线切割测量件（凸模），如下图所示。

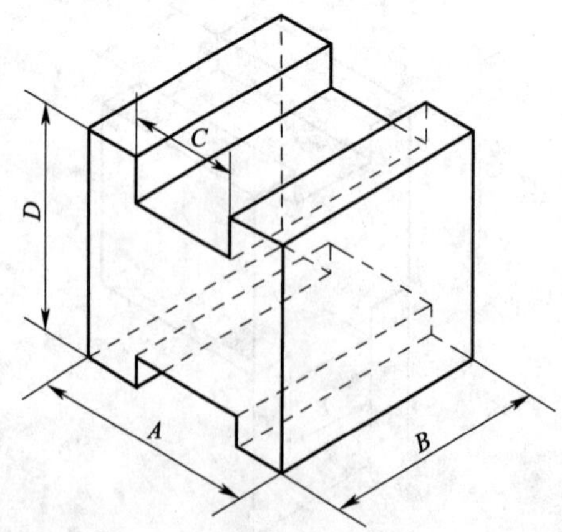

(2) 操作内容

1) 使用量具测量零件尺寸。

2) 徒手绘制零件草图。

3) 标注零件尺寸。

(3) 操作要求

1) 合理选用量具，正确测量零件尺寸。

2) 根据被测量件，在答题单上徒手绘制零件三视草图。

3) 根据三维立体图上标明的要求，在三视草图上标注（A、B、C、D）零件尺寸，公差为±0.04 mm，角度误差为±1°。

2. 答题卷

根据试题单要求测量零件，绘制三视草图，标注尺寸。

3. 评分表

同上题。

十四、凸模零件测绘（十四）（试题代码：3.1.15；考核时间：30 min）

1. 试题单

(1) 操作条件

1) 测量工具（游标卡尺、万能角度尺）。

2) 线切割测量件（凸模），如下图所示。

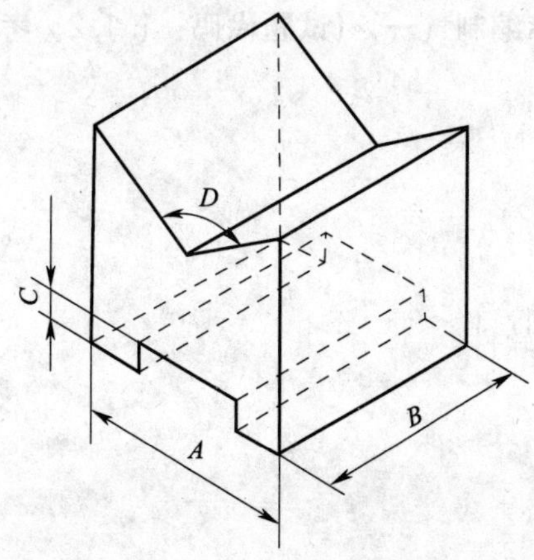

（2）操作内容

1）使用量具测量零件尺寸。

2）徒手绘制零件草图。

3）标注零件尺寸。

（3）操作要求

1）合理选用量具，正确测量零件尺寸。

2）根据被测量件，在答题单上徒手绘制零件三视草图。

3）根据三维立体图上标明的要求，在三视草图上标注（A、B、C、D）零件尺寸，公差为±0.04 mm，角度误差为±1°。

2. 答题卷

根据试题单要求测量零件，绘制三视草图，标注尺寸。

3. 评分表

同上题。

电火花成形

程序编制

一、单型腔零件加工程序编制（一）（试题代码：1.1.2；考核时间：30 min）

1. 试题单

（1）操作条件

1）零件图样（图号 1.1.2）。

2）台式计算机。

3）Microsoft Word 办公软件。

（2）操作内容

1）计算进给量、平动量。

2）选择摇动模式。

3）选择加工条件。

4）运用数控指令。

5）编制与保存单型腔零件加工程序。

（3）操作要求

1）正确计算投影面积、进给量、平动量。

2）完成摇动模式选择。

3）完成位置模式、条件模式选择。

4）正确运用数控指令。

5）完成单型腔零件加工程序编制。

6）在指定盘建立一文件夹，文件夹名为考生准考证号，考试生成的文件保存至该文件夹。

加工条件表（Cu－St 无损耗加工）（1.1.1—1.1.15）

加工条件	峰值电流 I_P	表面粗糙度 R_{max}（μm）（$R_{max}\approx 4R_a$）	减寸量（μm）		
			α	β	γ
C100	1	6	10	30	50
C110	2	12	15	60	80
C120	3	17	30	70	90
C130	4	26	60	90	110
C140	5	32	70	110	130
C150	6	36	80	120	160
C160	7	40	90	160	200

2. 试题图 1.1.2

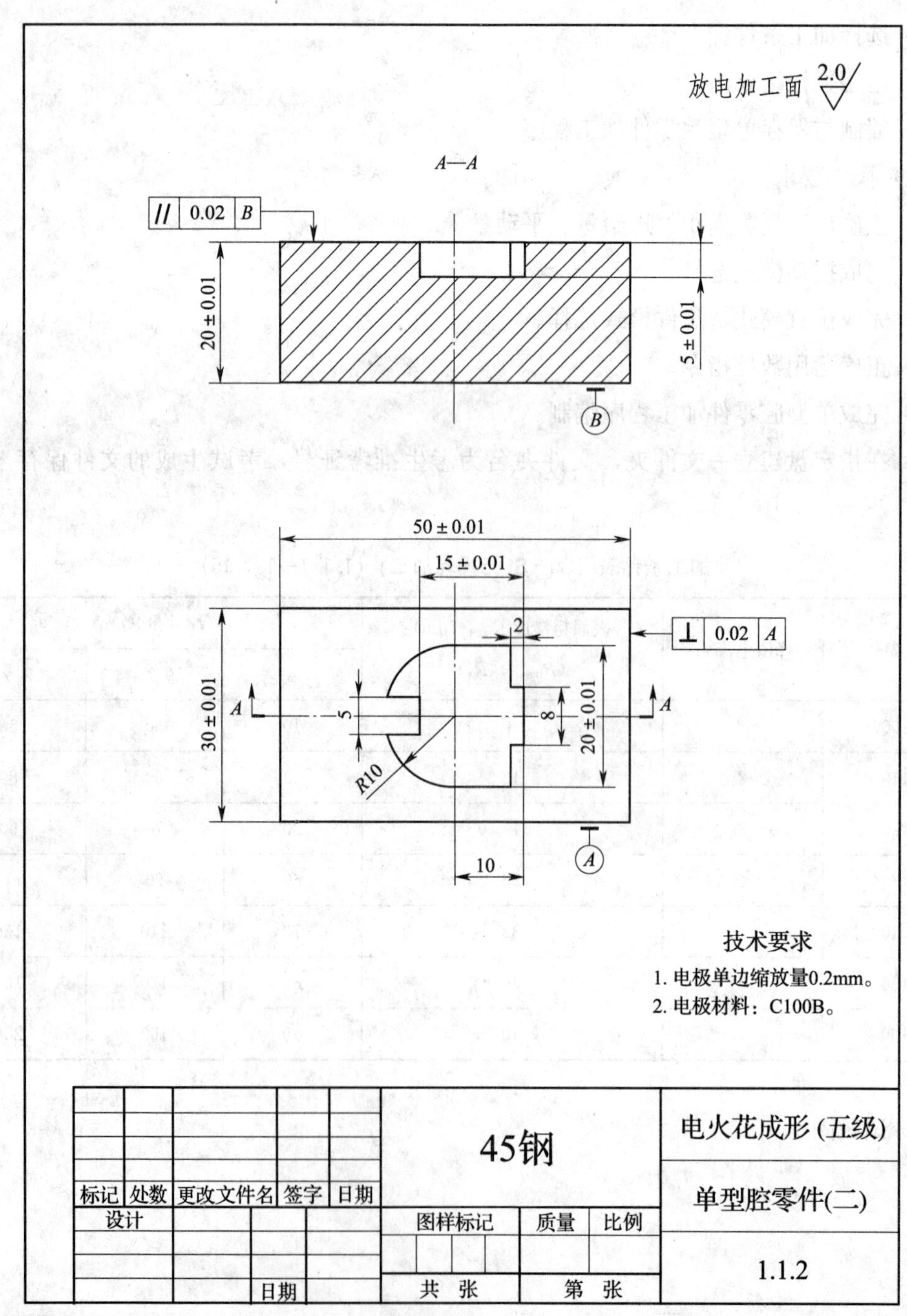
放电加工面 2.0
A—A
// 0.02 B
20 ± 0.01
5 ± 0.01
B
50 ± 0.01
15 ± 0.01
2
⊥ 0.02 A
30 ± 0.01
A
5
8
20 ± 0.01
A
R10
10
A
技术要求
1. 电极单边缩放量0.2mm。
2. 电极材料：C100B。
45钢
电火花成形 (五级)
标记 处数 更改文件名 签字 日期
单型腔零件(二)
设计
图样标记 质量 比例
1.1.2
日期
共 张 第 张

3. 评分表

试题代码及名称		1.1.2～1.1.15 单型腔零件加工程序编制			考核时间					30 min
评价要素		配分	等级	评分细则	评定等级					得分
					A	B	C	D	E	
1	工艺编制	10	A	进给量计算正确、加工工序运用正确						
			B	进给量计算和加工工序运用有 1 处不正确						
			C	进给量计算和加工工序运用有 2～3 处不正确						
			D	进给量计算和加工工序运用有 3 处以上不正确						
			E	未操作						
2	摇动方式设定	10	A	平动量计算正确，平动模式运用正确						
			B	平动量计算正确，平动模式运用有 1 处不正确						
			C	平动量计算和平动模式运用有 2～3 处不正确						
			D	平动量计算和平动模式运用有 3 处以上不正确						
			E	未操作						
3	数控指令运用	10	A	数控指令运用正确，电参数选择正确						
			B	数控指令运用和电参数选择有 1 处不正确						
			C	数控指令运用和电参数选择有 2～3 处不正确						
			D	数控指令运用和电参数选择有 3 处以上不正确						
			E	未操作						
4	程序编制	10	A	程序编制正确						
			B	程序编制有 1 处不正确						
			C	程序编制有 2～3 处不正确						
			D	程序编制有 3 处以上不正确						
			E	未操作						
合计配分		40		合计得分						

等级	A（优）	B（良）	C（及格）	D（差）	E（未答题）
比值	1.0	0.8	0.6	0.2	0

“评价要素”得分＝配分×等级比值。

二、单型腔零件加工程序编制（二）（试题代码：1.1.3；考核时间：30 min）

1. 试题单

（1）操作条件

1）零件图样（图号 1.1.3）。

2）台式计算机。

3）Microsoft Word 办公软件。

（2）操作内容

1）计算进给量、平动量。

2）选择摇动模式。

3）选择加工条件。

4）运用数控指令。

5）编制与保存单型腔零件加工程序。

（3）操作要求

1）正确计算投影面积、进给量、平动量。

2）完成摇动模式选择。

3）完成位置模式、条件模式选择。

4）正确运用数控指令。

5）完成单型腔零件加工程序编制。

6）在指定盘建立一文件夹，文件夹名为考生准考证号，考试生成的文件保存至该文件夹。

2. 试题图 1.1.3

3. 评分表

同上题。

三、单型腔零件加工程序编制（三）（试题代码：1.1.4；考核时间：30 min）

1. 试题单

（1）操作条件

1）零件图样（图号 1.1.4）。

2）台式计算机。

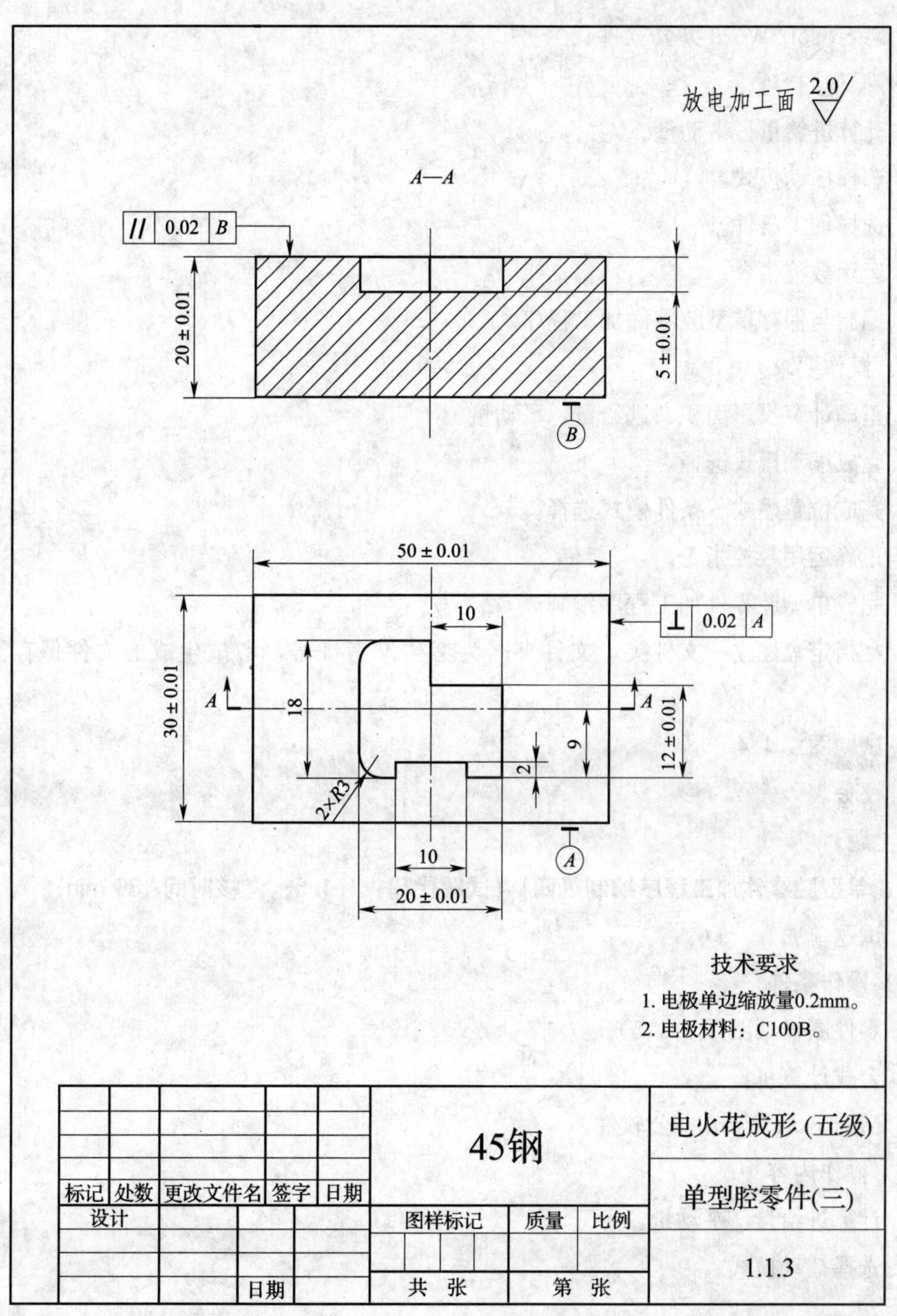
放电加工面 2.0
A—A
// 0.02 B
20 ± 0.01
5 ± 0.01
B
50 ± 0.01
10
⊥ 0.02 A
30 ± 0.01
A
18
A
9
12 ± 0.01
2
2×R3
A
10
20 ± 0.01
技术要求
1. 电极单边缩放量0.2mm。
2. 电极材料：C100B。
45钢
电火花成形 (五级)
标记 处数 更改文件名 签字 日期
单型腔零件(三)
设计
图样标记 质量 比例
1.1.3
日期
共 张 第 张

3）Microsoft Word 办公软件。

（2）操作内容

1）计算进给量、平动量。

2）选择摇动模式。

3）选择加工条件。

4）运用数控指令。

5）编制与保存单型腔零件加工程序。

（3）操作要求

1）正确计算投影面积、进给量、平动量。

2）完成摇动模式选择。

3）完成位置模式、条件模式选择。

4）正确运用数控指令。

5）完成单型腔零件加工程序编制。

6）在指定盘建立一文件夹，文件夹名为考生准考证号，考试生成的文件保存至该文件夹。

2. 试题图 1.1.4

3. 评分表

同上题。

四、单型腔零件加工程序编制（四）（试题代码：1.1.5；考核时间：30 min）

1. 试题单

（1）操作条件

1）零件图样（图号 1.1.5）。

2）台式计算机。

3）Microsoft Word 办公软件。

（2）操作内容

1）计算进给量、平动量。

2）选择摇动模式。

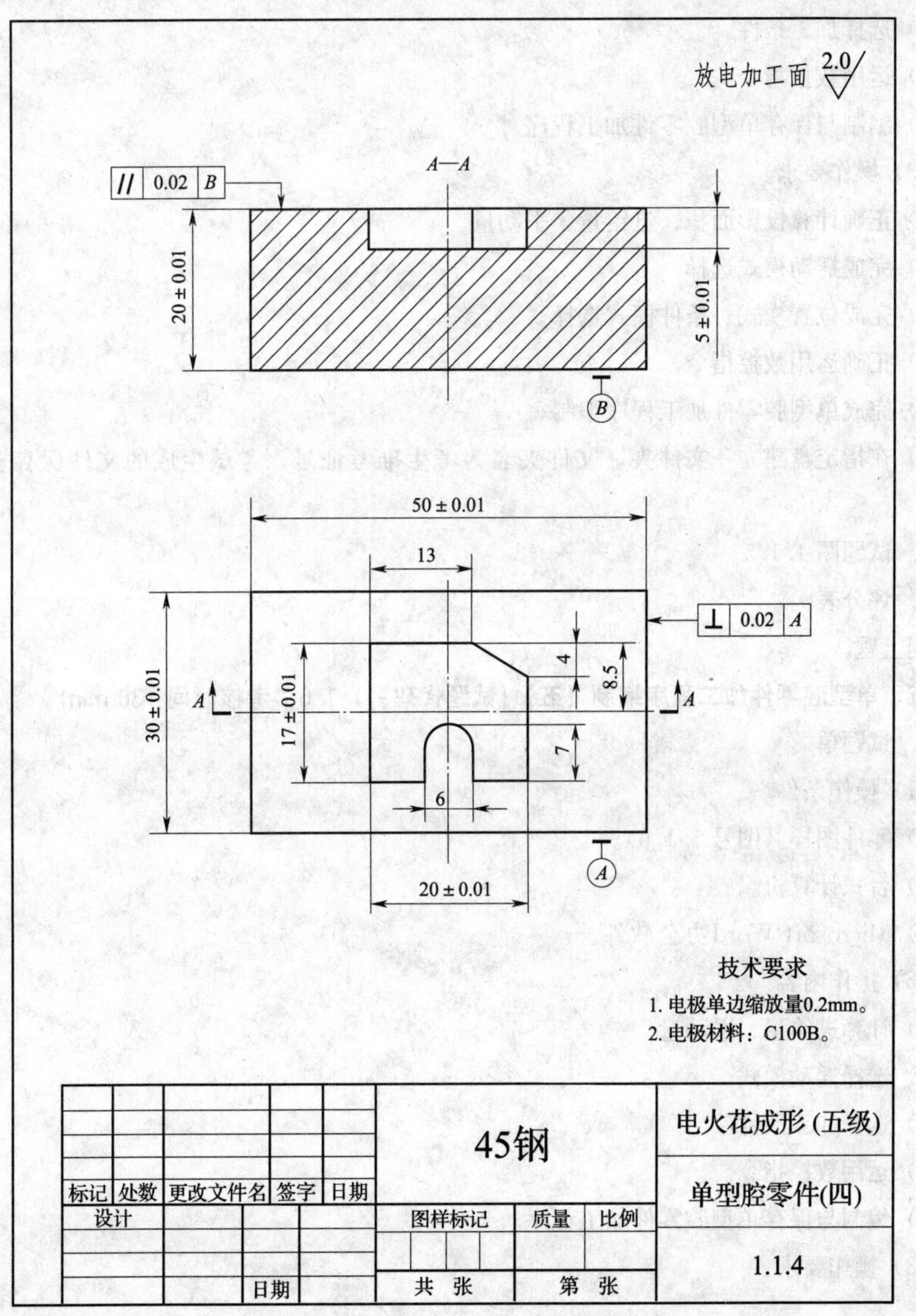
放电加工面 2.0
A—A
0.02 B
20 ± 0.01
5 ± 0.01
B
50 ± 0.01
13
0.02 A
4
8.5
A
A
30 ± 0.01
17 ± 0.01
7
6
A
20 ± 0.01
技术要求
1. 电极单边缩放量0.2mm。
2. 电极材料：C100B。
45钢
电火花成形 (五级)
单型腔零件(四)
标记 处数 更改文件名 签字 日期
设计
图样标记 质量 比例
日期
共 张 第 张
1.1.4

3）选择加工条件。

4）运用数控指令。

5）编制与保存单型腔零件加工程序。

（3）操作要求

1）正确计算投影面积、进给量、平动量。

2）完成摇动模式选择。

3）完成位置模式、条件模式选择。

4）正确运用数控指令。

5）完成单型腔零件加工程序编制。

6）在指定盘建立一文件夹，文件夹名为考生准考证号，考试生成的文件保存至该文件夹。

2. 试题图 1.1.5

3. 评分表

同上题。

五、单型腔零件加工程序编制（五）（试题代码：1.1.6；考核时间：30 min）

1. 试题单

（1）操作条件

1）零件图样（图号 1.1.6）。

2）台式计算机。

3）Microsoft Word 办公软件。

（2）操作内容

1）计算进给量、平动量。

2）选择摇动模式。

3）选择加工条件。

4）运用数控指令。

5）编制与保存单型腔零件加工程序。

（3）操作要求

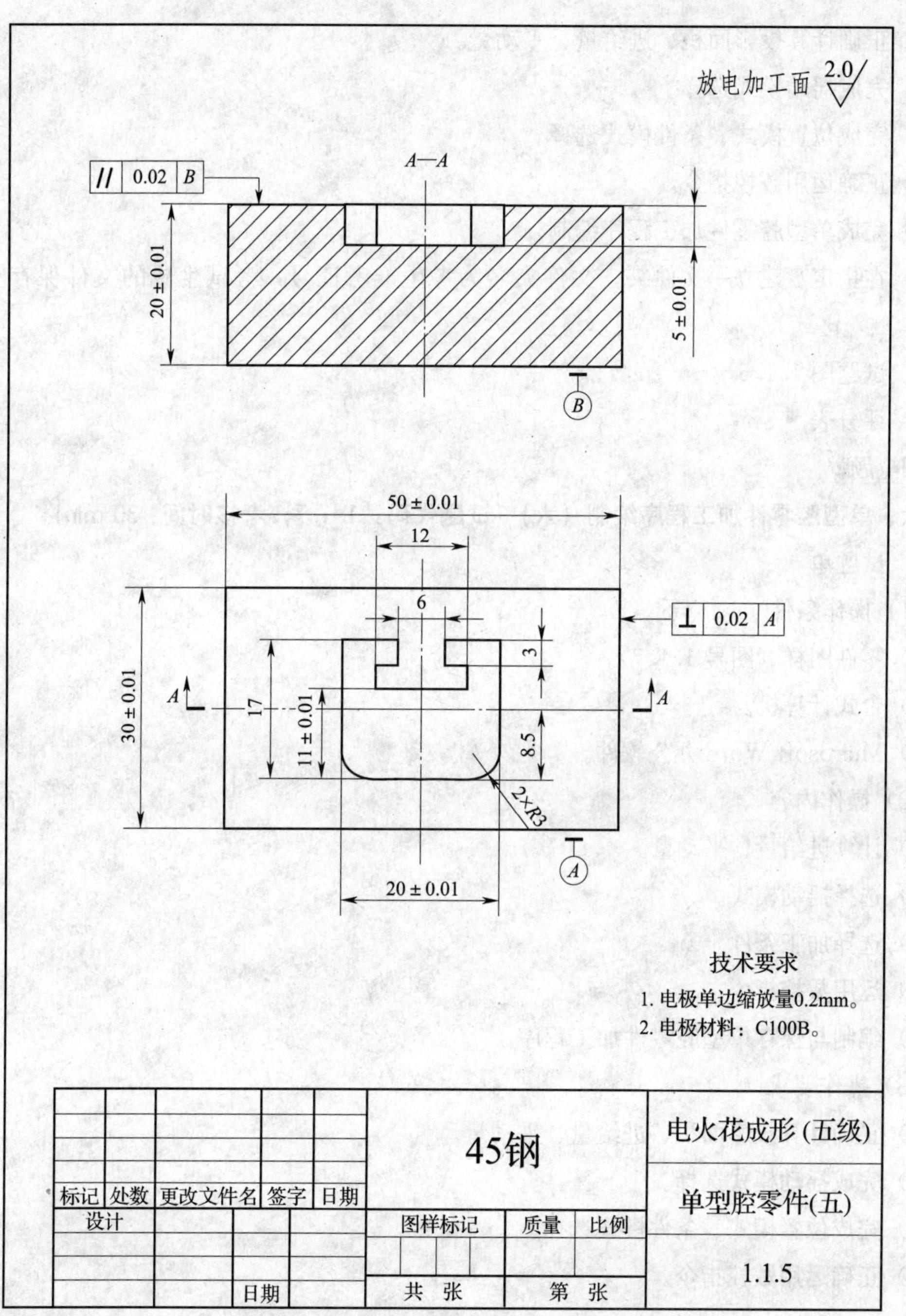
放电加工面 2.0
A—A
// 0.02 B
20 ± 0.01
5 ± 0.01
B
50 ± 0.01
12
6
⊥ 0.02 A
3
A
A
30 ± 0.01
17
11 ± 0.01
8.5
2×R3
A
20 ± 0.01
技术要求
1. 电极单边缩放量0.2mm。
2. 电极材料：C100B。
45钢
电火花成形 (五级)
标记 处数 更改文件名 签字 日期
单型腔零件(五)
设计
图样标记 质量 比例
1.1.5
日期
共 张 第 张

1）正确计算投影面积、进给量、平动量。

2）完成摇动模式选择。

3）完成位置模式、条件模式选择。

4）正确运用数控指令。

5）完成单型腔零件加工程序编制。

6）在指定盘建立一文件夹，文件夹名为考生准考证号，考试生成的文件保存至该文件夹。

2. 试题图 1.1.6

3. 评分表

同上题。

六、单型腔零件加工程序编制（六）（试题代码：1.1.7；考核时间：30 min）

1. 试题单

（1）操作条件

1）零件图样（图号 1.1.7）。

2）台式计算机。

3）Microsoft Word 办公软件。

（2）操作内容

1）计算进给量、平动量。

2）选择摇动模式。

3）选择加工条件。

4）运用数控指令。

5）编制与保存单型腔零件加工程序。

（3）操作要求

1）正确计算投影面积、进给量、平动量。

2）完成摇动模式选择。

3）完成位置模式、条件模式选择。

4）正确运用数控指令。

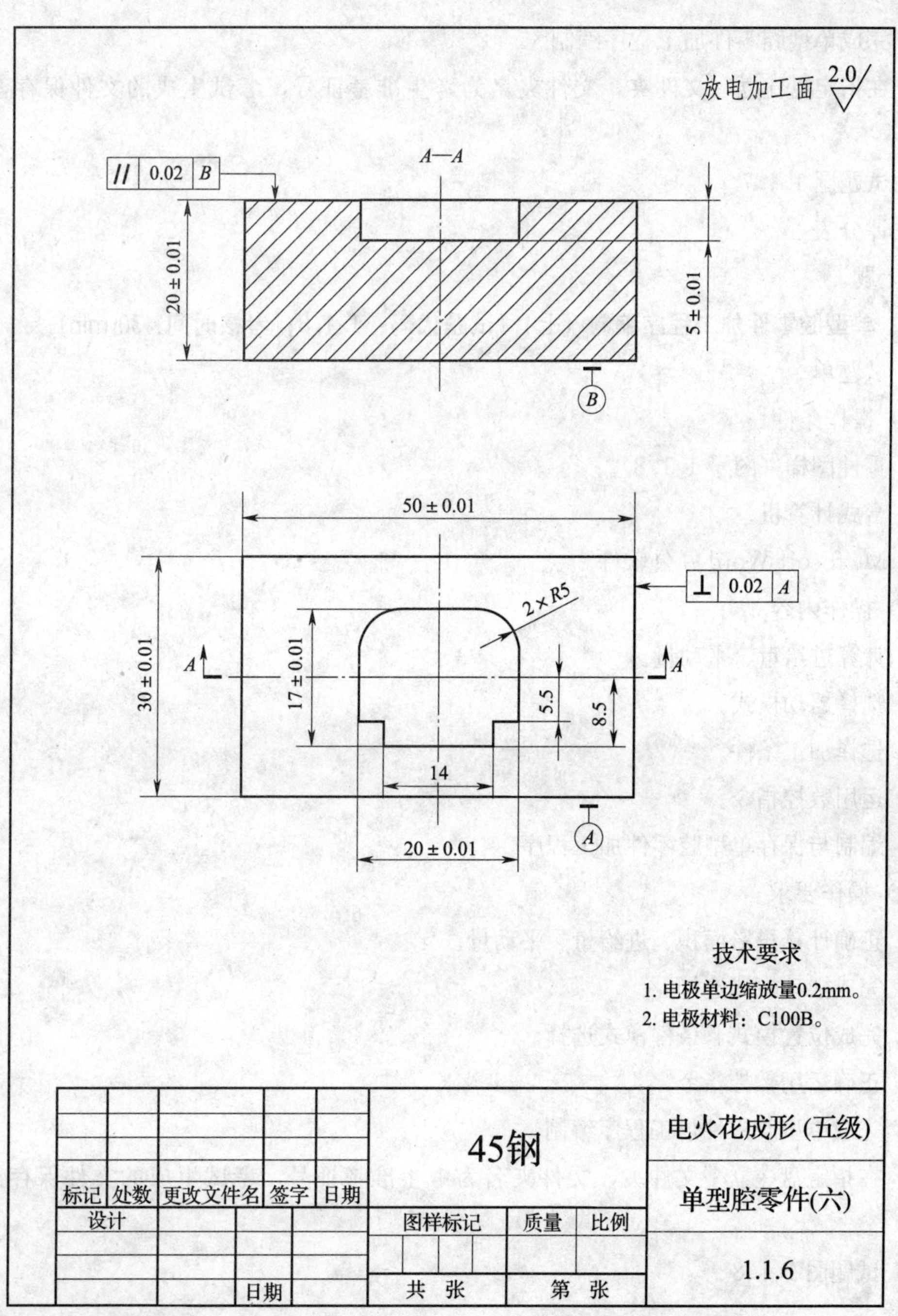
放电加工面 2.0
A—A
// 0.02 B
20 ± 0.01
5 ± 0.01
B
50 ± 0.01
⊥ 0.02 A
2 × R5
A
A
30 ± 0.01
17 ± 0.01
5.5
8.5
14
A
20 ± 0.01
技术要求
1. 电极单边缩放量0.2mm。
2. 电极材料：C100B。
45钢
电火花成形 (五级)
标记 处数 更改文件名 签字 日期
单型腔零件(六)
设计
图样标记 质量 比例
1.1.6
日期
共 张 第 张

5）完成单型腔零件加工程序编制。

6）在指定盘建立一文件夹，文件夹名为考生准考证号，考试生成的文件保存至该文件夹。

2. 试题图 1.1.7

3. 评分表

同上题。

七、单型腔零件加工程序编制（七）（试题代码：1.1.8；考核时间：30 min）

1. 试题单

（1）操作条件

1）零件图样（图号 1.1.8）。

2）台式计算机。

3）Microsoft Word 办公软件。

（2）操作内容

1）计算进给量、平动量。

2）选择摇动模式。

3）选择加工条件。

4）运用数控指令。

5）编制与保存单型腔零件加工程序。

（3）操作要求

1）正确计算投影面积、进给量、平动量。

2）完成摇动模式选择。

3）完成位置模式、条件模式选择。

4）正确运用数控指令。

5）完成单型腔零件加工程序编制。

6）在指定盘建立一文件夹，文件夹名为考生准考证号，考试生成的文件保存至该文件夹。

2. 试题图 1.1.8

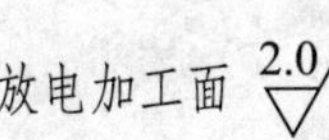

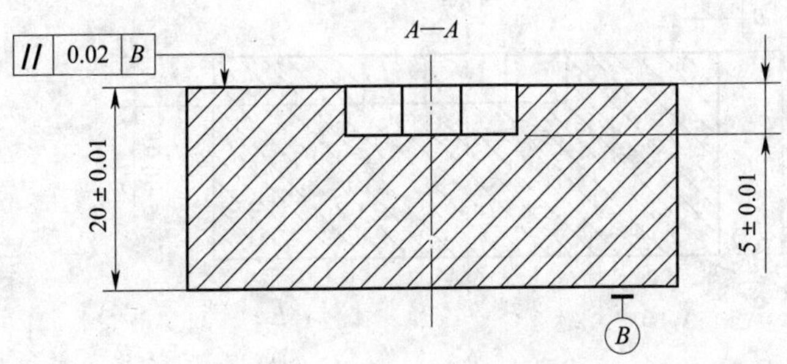

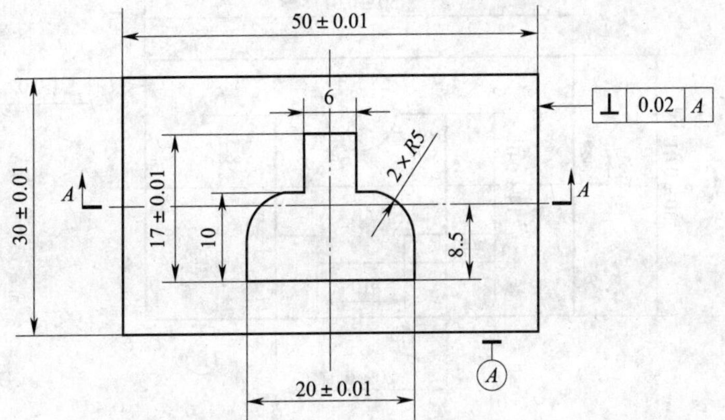

技术要求

1. 电极单边缩放量0.2mm。
2. 电极材料：C100B。

<table>
<tr><td></td><td></td><td></td><td></td><td></td><td colspan="3" rowspan="4">45钢</td><td rowspan="2">电火花成形 (五级)</td></tr>
<tr><td></td><td></td><td></td><td></td><td></td></tr>
<tr><td></td><td></td><td></td><td></td><td></td><td rowspan="2">单型腔零件(七)</td></tr>
<tr><td>标记</td><td>处数</td><td>更改文件名</td><td>签字</td><td>日期</td></tr>
<tr><td colspan="2">设计</td><td></td><td></td><td></td><td>图样标记</td><td>质量</td><td>比例</td><td rowspan="4">1.1.7</td></tr>
<tr><td colspan="2"></td><td></td><td></td><td></td><td></td><td></td><td></td></tr>
<tr><td colspan="2"></td><td></td><td></td><td></td><td></td><td></td><td></td></tr>
<tr><td colspan="2"></td><td></td><td>日期</td><td></td><td>共 张</td><td colspan="2">第 张</td></tr>
</table>

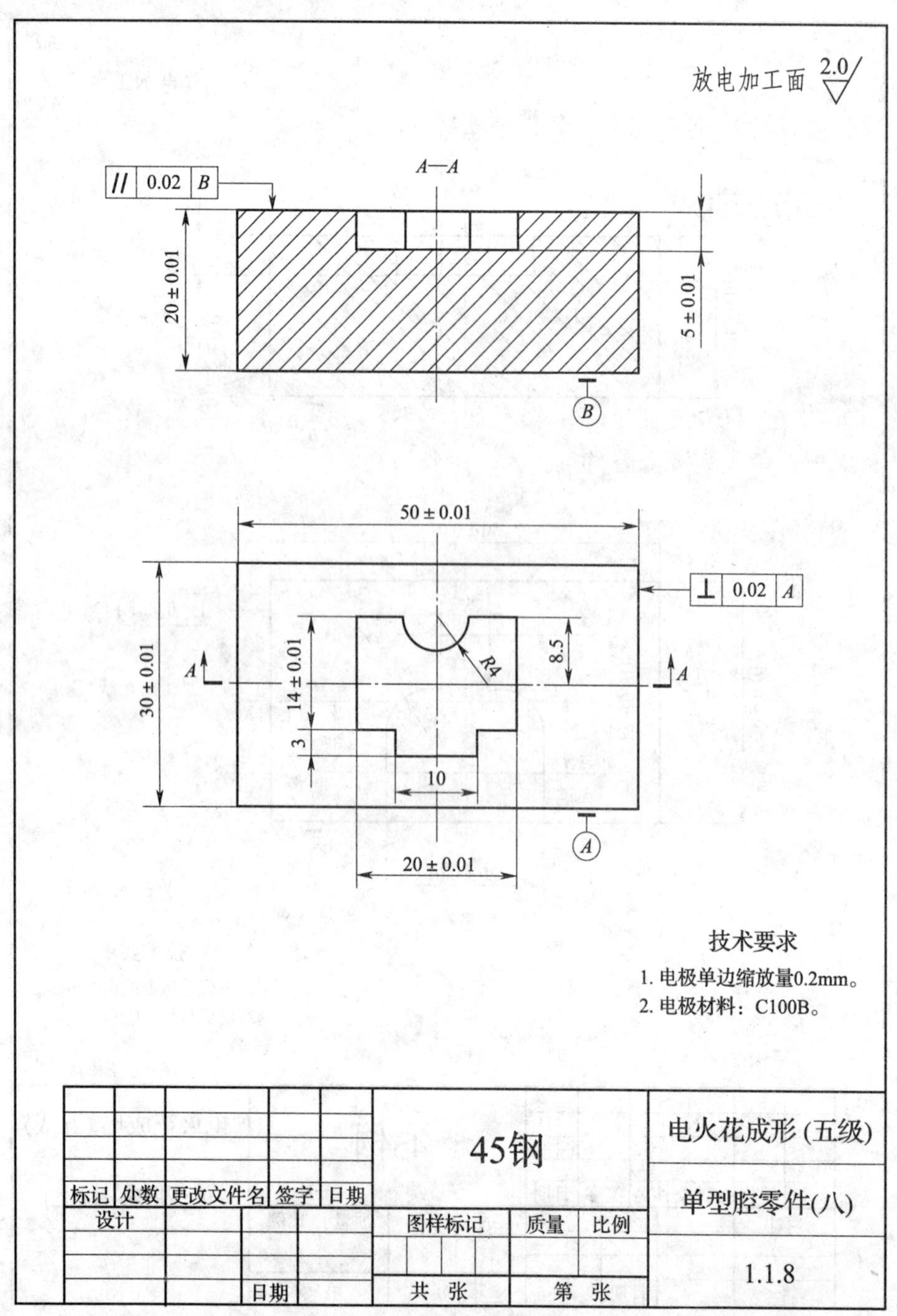
放电加工面 2.0
A—A
// 0.02 B
20 ± 0.01
5 ± 0.01
B
50 ± 0.01
⊥ 0.02 A
30 ± 0.01
14 ± 0.01
8.5
R4
3
10
20 ± 0.01
A
技术要求
1. 电极单边缩放量0.2mm。
2. 电极材料：C100B。
45钢
电火花成形（五级）
单型腔零件(八)
1.1.8
标记 处数 更改文件名 签字 日期
设计
日期
图样标记 质量 比例
共 张 第 张

3. 评分表

同上题。

八、单型腔零件加工程序编制（八）（试题代码：1.1.9；考核时间：30 min）

1. 试题单

（1）操作条件

1）零件图样（图号 1.1.9）。

2）台式计算机。

3）Microsoft Word 办公软件。

（2）操作内容

1）计算进给量、平动量。

2）选择摇动模式。

3）选择加工条件。

4）运用数控指令。

5）编制与保存单型腔零件加工程序。

（3）操作要求

1）正确计算投影面积、进给量、平动量。

2）完成摇动模式选择。

3）完成位置模式、条件模式选择。

4）正确运用数控指令。

5）完成单型腔零件加工程序编制。

6）在指定盘建立一文件夹，文件夹名为考生准考证号，考试生成的文件保存至该文件夹。

2. 试题图 1.1.9

3. 评分表

同上题。

九、单型腔零件加工程序编制（九）（试题代码：1.1.10；考核时间：30 min）

1. 试题单

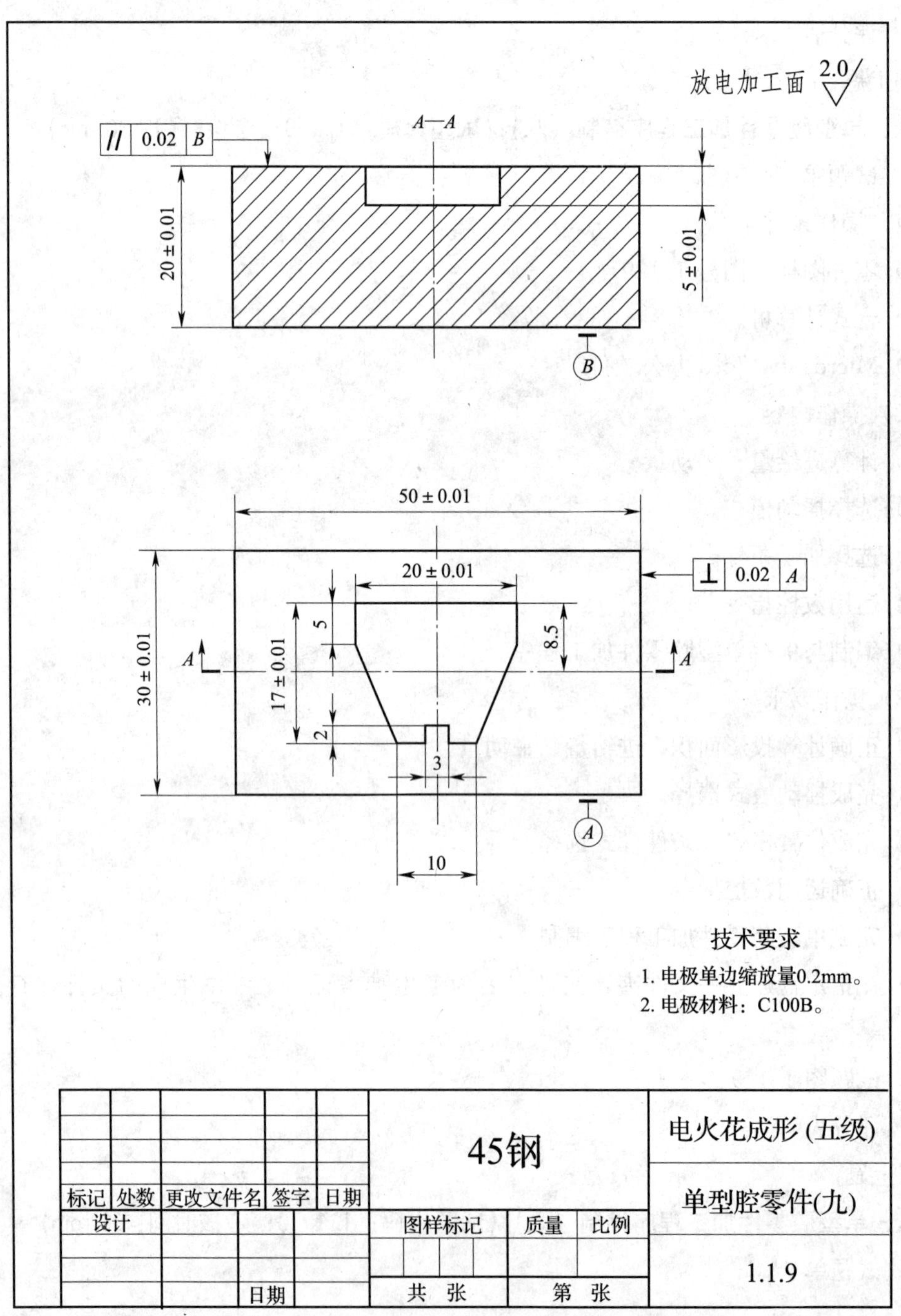

放电加工面 2.0
A—A
// 0.02 B
20 ± 0.01
5 ± 0.01
B
50 ± 0.01
20 ± 0.01
⊥ 0.02 A
5
8.5
30 ± 0.01
17 ± 0.01
2
3
A
A
A
10
技术要求
1. 电极单边缩放量0.2mm。
2. 电极材料：C100B。
45钢
电火花成形 (五级)
单型腔零件(九)
1.1.9
标记 处数 更改文件名 签字 日期
设计
日期
图样标记 质量 比例
共 张 第 张

(1) 操作条件

1) 零件图样(图号 1.1.10)。

2) 台式计算机。

3) Microsoft Word 办公软件。

(2) 操作内容

1) 计算进给量、平动量。

2) 选择摇动模式。

3) 选择加工条件。

4) 运用数控指令。

5) 编制与保存单型腔零件加工程序。

(3) 操作要求

1) 正确计算投影面积、进给量、平动量。

2) 完成摇动模式选择。

3) 完成位置模式、条件模式选择。

4) 正确运用数控指令。

5) 完成单型腔零件加工程序编制。

6) 在指定盘建立一文件夹,文件夹名为考生准考证号,考试生成的文件保存至该文件夹。

2. 试题图 1.1.10

3. 评分表

同上题。

十、单型腔零件加工程序编制(十)(试题代码:1.1.11;考核时间:30 min)

1. 试题单

(1) 操作条件

1) 零件图样(图号 1.1.11)。

2) 台式计算机。

3) Microsoft Word 办公软件。

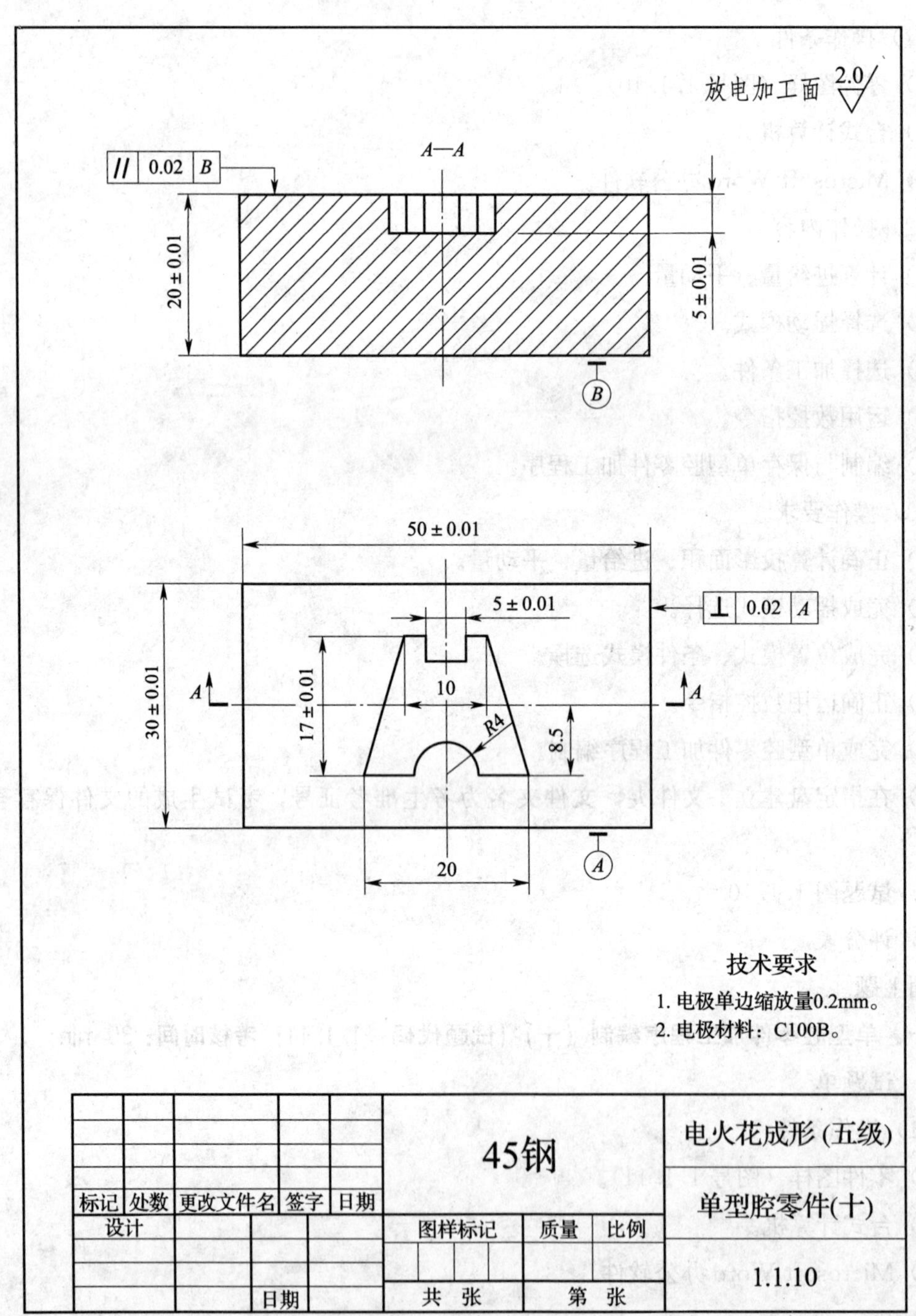
放电加工面 2.0
A—A
// 0.02 B
20±0.01
5±0.01
B
50±0.01
5±0.01
⊥ 0.02 A
30±0.01
17±0.01
10
R4
8.5
20
A
技术要求
1. 电极单边缩放量0.2mm。
2. 电极材料：C100B。
45钢
电火花成形（五级）
单型腔零件(十)
1.1.10
标记 处数 更改文件名 签字 日期
设计
日期
图样标记 质量 比例
共 张 第 张

(2) 操作内容

1) 计算进给量、平动量。

2) 选择摇动模式。

3) 选择加工条件。

4) 运用数控指令。

5) 编制与保存单型腔零件加工程序。

(3) 操作要求

1) 正确计算投影面积、进给量、平动量。

2) 完成摇动模式选择。

3) 完成位置模式、条件模式选择。

4) 正确运用数控指令。

5) 完成单型腔零件加工程序编制。

6) 在指定盘建立一文件夹，文件夹名为考生准考证号，考试生成的文件保存至该文件夹。

2. 试题图 1.1.11

3. 评分表

同上题。

十一、单型腔零件加工程序编制（十一）（试题代码：1.1.12；考核时间：30 min）

1. 试题单

(1) 操作条件

1) 零件图样（图号 1.1.12）。

2) 台式计算机。

3) Microsoft Word 办公软件。

(2) 操作内容

1) 计算进给量、平动量。

2) 选择摇动模式。

3) 选择加工条件。

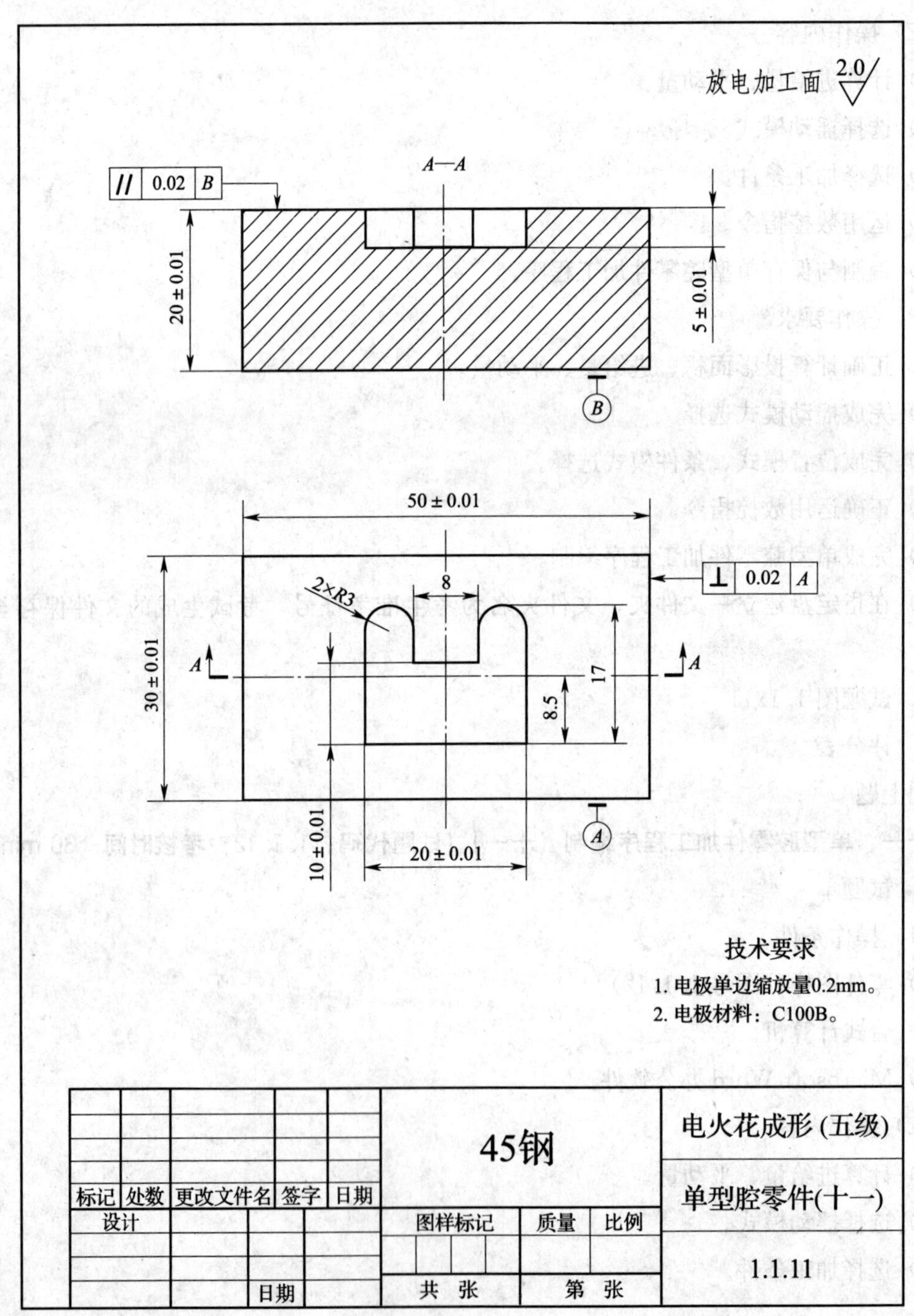
放电加工面 2.0
A—A
// 0.02 B
20 ± 0.01
5 ± 0.01
B
50 ± 0.01
⊥ 0.02 A
2×R3
8
30 ± 0.01
A
A
17
8.5
A
10 ± 0.01
20 ± 0.01
技术要求
1. 电极单边缩放量0.2mm。
2. 电极材料：C100B。
45钢
电火花成形 (五级)
单型腔零件(十一)
1.1.11
标记 处数 更改文件名 签字 日期
设计
日期
图样标记 质量 比例
共 张 第 张

4）运用数控指令。

5）编制与保存单型腔零件加工程序。

（3）操作要求

1）正确计算投影面积、进给量、平动量。

2）完成摇动模式选择。

3）完成位置模式、条件模式选择。

4）正确运用数控指令。

5）完成单型腔零件加工程序编制。

6）在指定盘建立一文件夹，文件夹名为考生准考证号，考试生成的文件保存至该文件夹。

2. 试题图 1.1.12

3. 评分表

同上题。

十二、单型腔零件加工程序编制（十二）（试题代码：1.1.13；考核时间：30 min）

1. 试题单

（1）操作条件

1）零件图样（图号 1.1.13）。

2）台式计算机。

3）Microsoft Word 办公软件。

（2）操作内容

1）计算进给量、平动量。

2）选择摇动模式。

3）选择加工条件。

4）运用数控指令。

5）编制与保存单型腔零件加工程序。

（3）操作要求

1）正确计算投影面积、进给量、平动量。

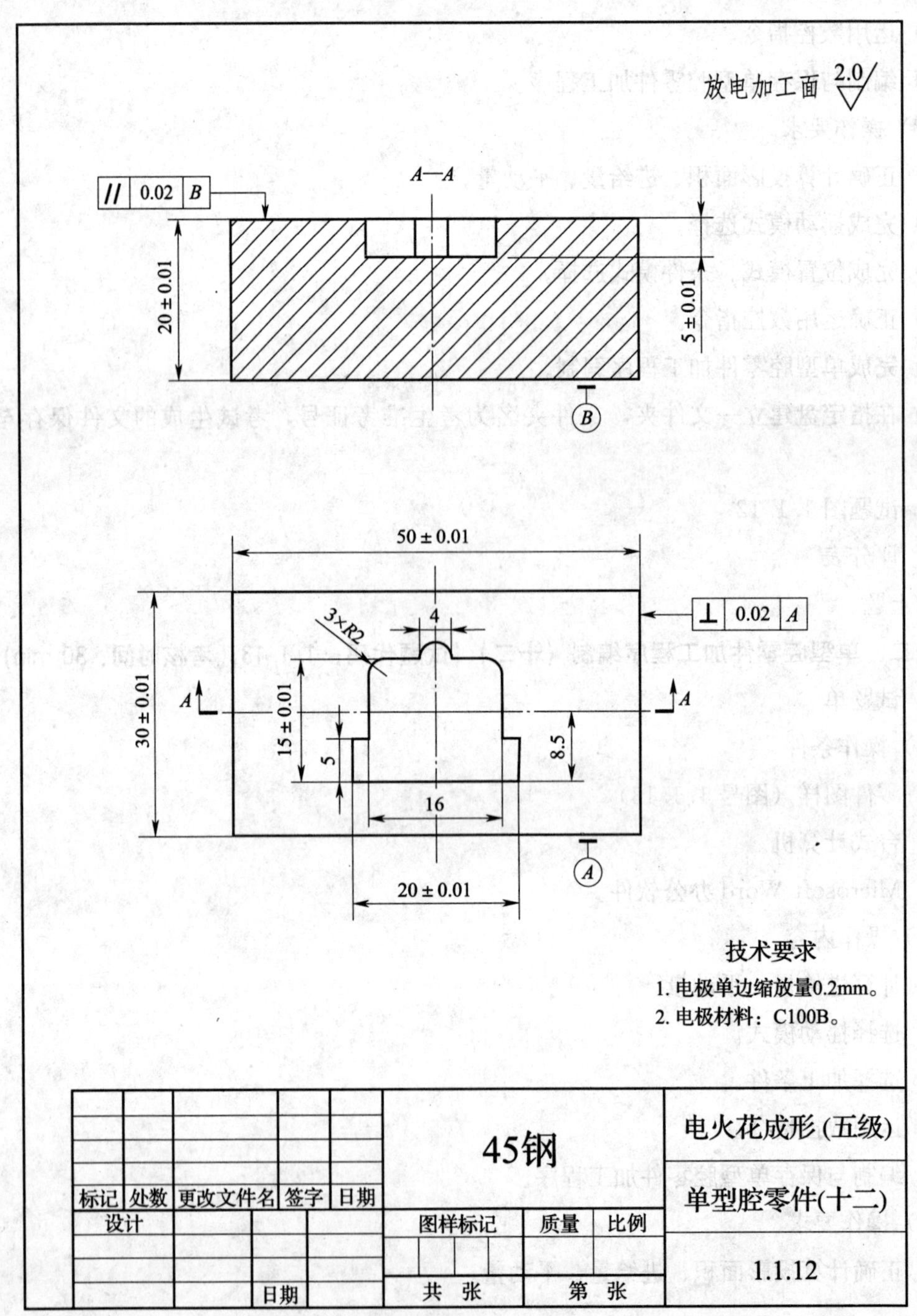
放电加工面 2.0
A—A
// 0.02 B
20±0.01
5±0.01
B
50±0.01
⊥ 0.02 A
3×R2
4
A
A
30±0.01
15±0.01
5
8.5
16
A
20±0.01
技术要求
1. 电极单边缩放量0.2mm。
2. 电极材料：C100B。
45钢
电火花成形 (五级)
单型腔零件(十二)
标记 处数 更改文件名 签字 日期
设计
日期
图样标记 质量 比例
共 张 第 张
1.1.12

2）完成摇动模式选择。

3）完成位置模式、条件模式选择。

4）正确运用数控指令。

5）完成单型腔零件加工程序编制。

6）在指定盘建立一文件夹，文件夹名为考生准考证号，考试生成的文件保存至该文件夹。

2. 试题图 1.1.13

3. 评分表

同上题。

十三、单型腔零件加工程序编制（十三）（试题代码：1.1.14；考核时间：30 min）

1. 试题单

（1）操作条件

1）零件图样（图号 1.1.14）。

2）台式计算机。

3）Microsoft Word 办公软件。

（2）操作内容

1）计算进给量、平动量。

2）选择摇动模式。

3）选择加工条件。

4）运用数控指令。

5）编制与保存单型腔零件加工程序。

（3）操作要求

1）正确计算投影面积、进给量、平动量。

2）完成摇动模式选择。

3）完成位置模式、条件模式选择。

4）正确运用数控指令。

5）完成单型腔零件加工程序编制。

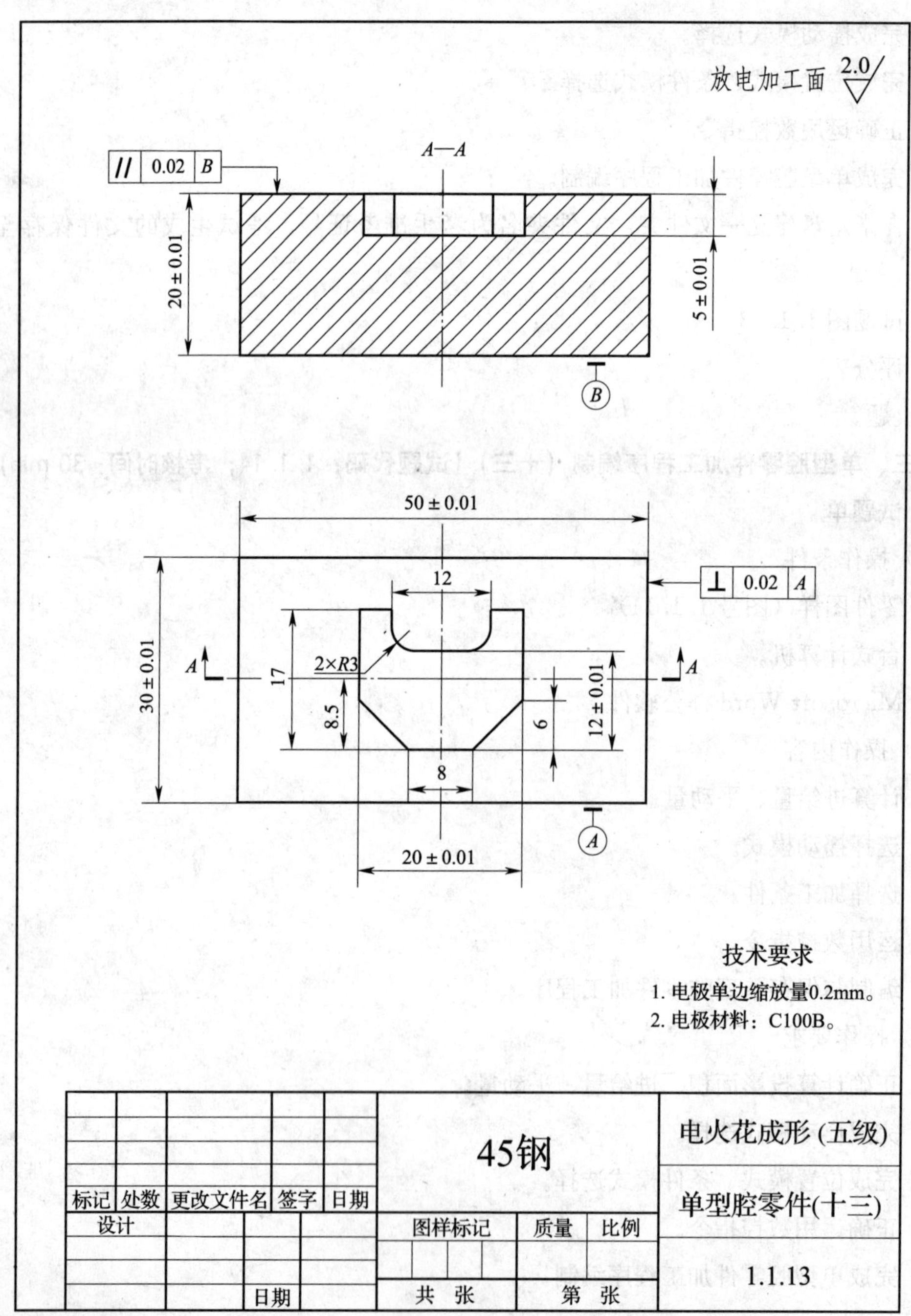

放电加工面 2.0
A—A
// 0.02 B
20±0.01
5±0.01
B
50±0.01
⊥ 0.02 A
12
2×R3
17
8.5
6
12±0.01
30±0.01
A
A
8
A
20±0.01
技术要求
1. 电极单边缩放量0.2mm。
2. 电极材料：C100B。
45钢
电火花成形(五级)
单型腔零件(十三)
标记 处数 更改文件名 签字 日期
设计
日期
图样标记 质量 比例
共 张 第 张
1.1.13

6）在指定盘建立一文件夹，文件夹名为考生准考证号，考试生成的文件保存至该文件夹。

2. 试题图 1.1.14

3. 评分表

同上题。

十四、单型腔零件加工程序编制（十四）（试题代码：1.1.15；考核时间：30 min）

1. 试题单

（1）操作条件

1）零件图样（图号 1.1.15）。

2）台式计算机。

3）Microsoft Word 办公软件。

（2）操作内容

1）计算进给量、平动量。

2）选择摇动模式。

3）选择加工条件。

4）运用数控指令。

5）编制与保存单型腔零件加工程序。

（3）操作要求

1）正确计算投影面积、进给量、平动量。

2）完成摇动模式选择。

3）完成位置模式、条件模式选择。

4）正确运用数控指令。

5）完成单型腔零件加工程序编制。

6）在指定盘建立一文件夹，文件夹名为考生准考证号，考试生成的文件保存至该文件夹。

2. 试题图 1.1.15

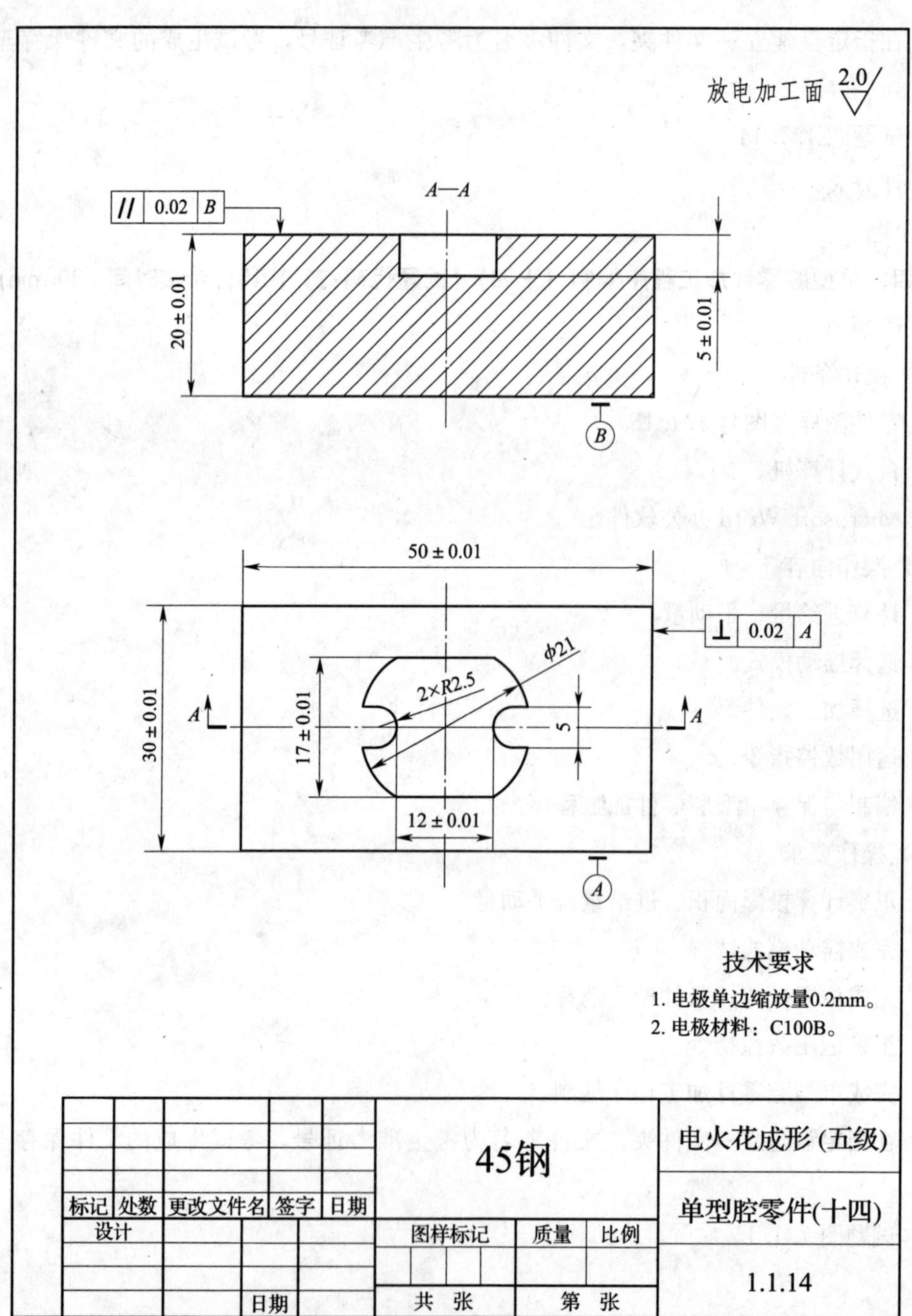
放电加工面 2.0
A—A
// 0.02 B
20 ± 0.01
5 ± 0.01
B
50 ± 0.01
⊥ 0.02 A
ϕ21
2×R2.5
A
A
30 ± 0.01
17 ± 0.01
5
12 ± 0.01
A
技术要求
1. 电极单边缩放量0.2mm。
2. 电极材料：C100B。
45钢
电火花成形（五级）
单型腔零件(十四)
标记 处数 更改文件名 签字 日期
设计
日期
图样标记 质量 比例
共 张 第 张
1.1.14

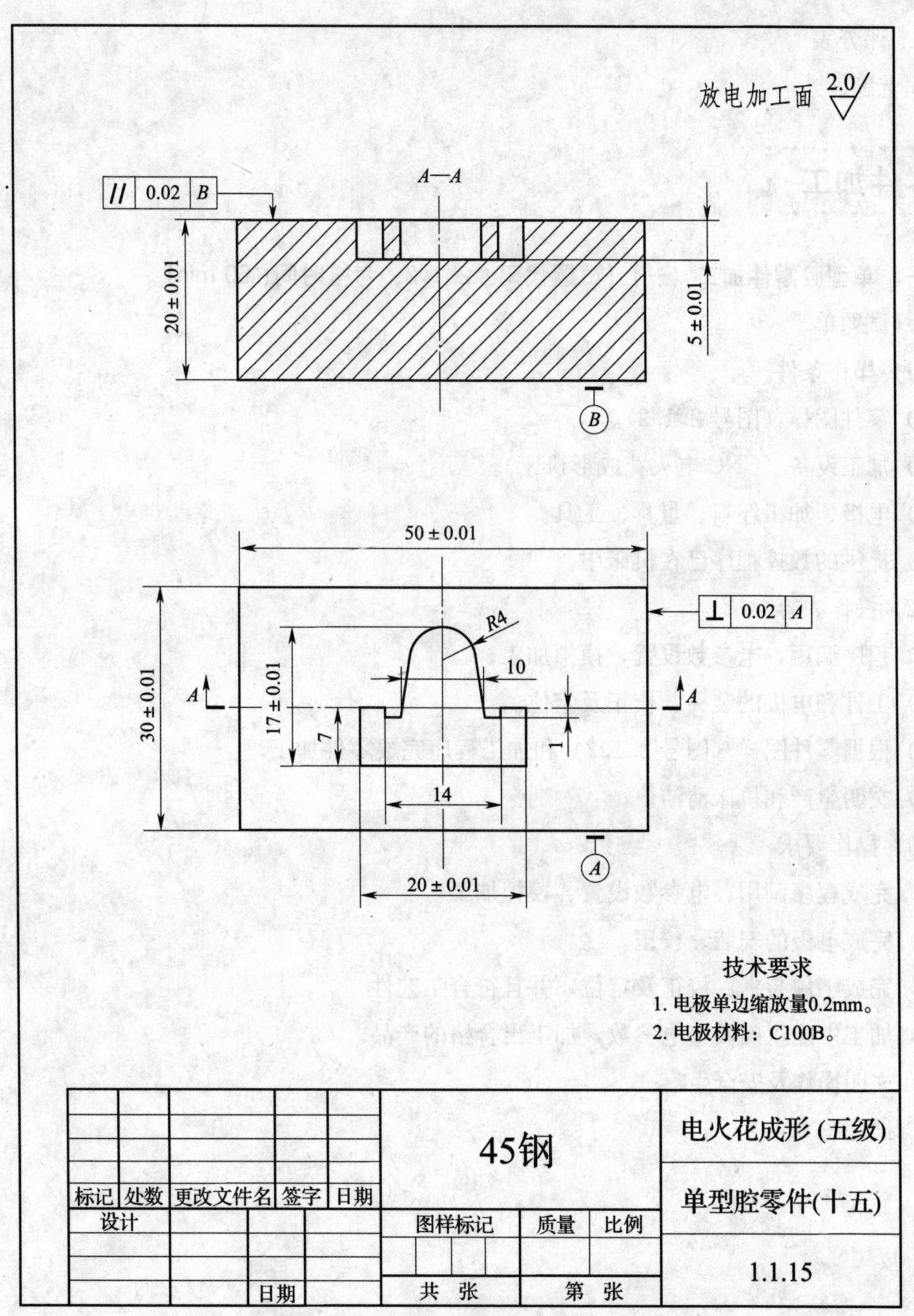
放电加工面 2.0
A—A
// 0.02 B
20±0.01
5±0.01
B
50±0.01
⊥ 0.02 A
R4
10
30±0.01
17±0.01
7
1
14
A
20±0.01
技术要求
1. 电极单边缩放量0.2mm。
2. 电极材料：C100B。
45钢
电火花成形 (五级)
单型腔零件(十五)
1.1.15
标记
处数
更改文件名
签字
日期
设计
日期
图样标记
质量
比例
共　张
第　张

3. 评分表

同上题。

零件加工

一、单型腔零件加工（一）（试题代码：2.1.2；考核时间：60 min）

1. 试题单

(1) 操作条件

1）零件图样（图号 2.1.2）。

2）加工设备（CNC 电火花成形机床）。

3）电极、加工坯料、量具、工具。

4）提供的数控程序已在机床中。

(2) 操作内容

1）程序调用，电参数设置，模拟加工。

2）工件和电极的装夹、校正及定位。

3）根据零件图样（图号 2.1.2）和加工程序完成零件加工。

4）文明生产和机床清洁。

(3) 操作要求

1）完成程序调用、电参数设置、模拟加工。

2）完成电极的安装、校正。

3）完成工件装夹、校正及定位，并且符合工艺性。

4）加工中能正确调整电参数，加工出合格的产品。

5）文明操作及安全生产。

2. 试题图 2.1.2

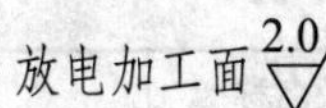

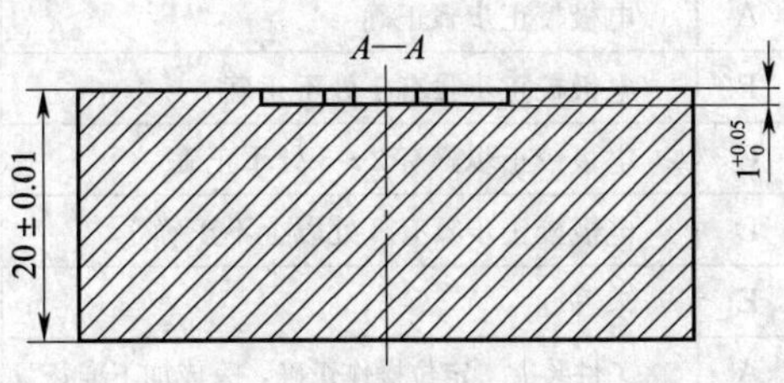

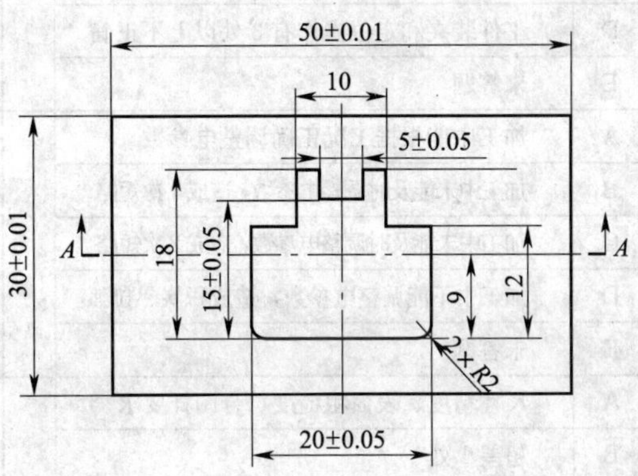

技术要求

1. 电极单边缩放量0.25mm。
2. 电极材料：C100B。

					45钢	电火花成形（五级）
标记	处数	更改文件名	签字	日期		单型腔零件（二）
设计				图样标记	质量	比例
			日期	共　张	第　张	2.1.2

3. 评分表

试题代码及名称		2.1.2～2.1.15 单型腔零件加工			考核时间					60 min
评价要素		配分	等级	评分细则	评定等级					得分
					A	B	C	D	E	
1	电极校正	10	A	电极校正步骤正确						
			B	电极校正步骤有1处不正确						
			C	电极校正步骤有2～3处不正确						
			D	电极校正步骤有3处以上不正确						
			E	未答题						
2	工件装夹、定位	10	A	工件装夹、定位操作正确，完成加工准备						
			B	工件装夹和定位操作有1处不正确						
			C	工件装夹和定位操作有2～3处不正确						
			D	工件装夹和定位操作有3处以上不正确						
			E	未答题						
3	加工调整	5	A	加工中能根据工况正确调整电参数						
			B	加工中未能及时调整电参数，造成1次短路						
			C	加工中未能及时调整电参数，造成2次短路						
			D	加工中不能调整电参数，造成积炭、拉弧						
			E	未答题						
4	加工质量	20	A	尺寸精度、表面粗糙度符合图样要求						
			B	超差1处						
			C	超差2处						
			D	有3处及以上超差						
			E	未答题						
5	安全文明	5	A	符合安全操作规范						
			B	—						
			C	工具摆放不规范						
			D	违规操作，工量具损坏						
			E	严重违规，撞机						
合计配分		50		合计得分						

等级	A（优）	B（良）	C（及格）	D（差）	E（未答题）
比值	1.0	0.8	0.6	0.2	0

“评价要素”得分＝配分×等级比值。

二、单型腔零件加工（二）（试题代码：2.1.3；考核时间：60 min）

1. 试题单

（1）操作条件

1）零件图样（图号 2.1.3）。

2）加工设备（CNC 电火花成形机床）。

3）电极、加工坯料、量具、工具。

4）提供的数控程序已在机床中。

（2）操作内容

1）程序调用，电参数设置，模拟加工。

2）工件和电极的装夹、校正及定位。

3）根据零件图样（图号 2.1.3）和加工程序完成零件加工。

4）文明生产和机床清洁。

（3）操作要求

1）完成程序调用、电参数设置、模拟加工。

2）完成电极的安装、校正。

3）完成工件装夹、校正及定位，并且符合工艺性。

4）加工中能正确调整电参数，加工出合格的产品。

5）文明操作及安全生产。

2. 试题图 2.1.3

3. 评分表

同上题。

三、单型腔零件加工（三）（试题代码：2.1.4；考核时间：60 min）

1. 试题单

（1）操作条件

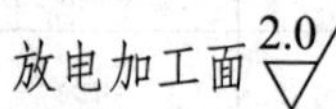

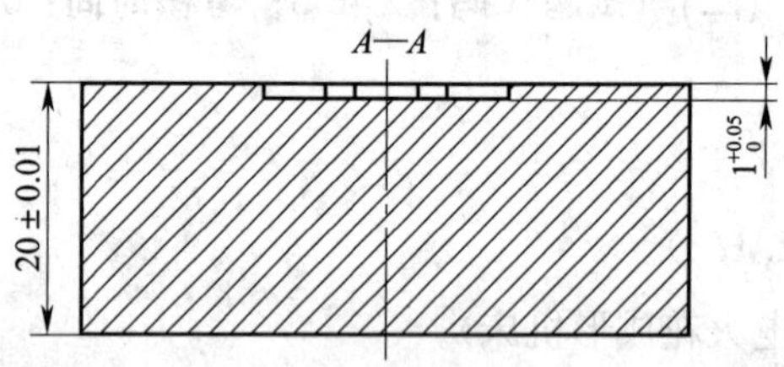

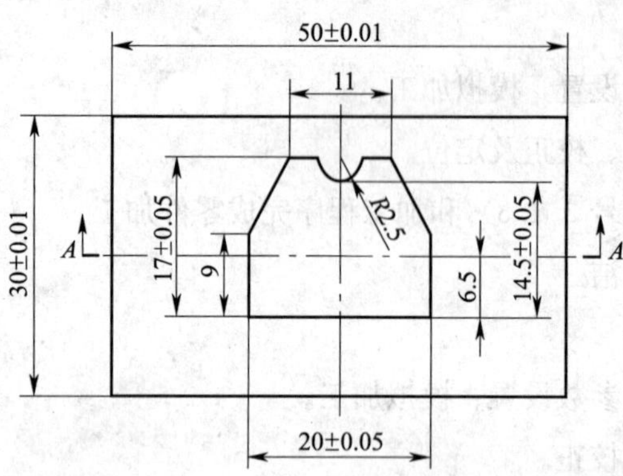

技术要求

1. 电极单边缩放量0.25mm。
2. 电极材料：C100B。

标记	处数	更改文件名	签字	日期	45钢		电火花成形（五级）
设计					图样标记	质量	比例
							单型腔零件（三）
		日期			共 张	第 张	2.1.3

1）零件图样（图号 2.1.4）。

2）加工设备（CNC 电火花成形机床）。

3）电极、加工坯料、量具、工具。

4）提供的数控程序已在机床中。

（2）操作内容

1）程序调用，电参数设置，模拟加工。

2）工件和电极的装夹、校正及定位。

3）根据零件图样（图号 2.1.4）和加工程序完成零件加工。

4）文明生产和机床清洁。

（3）操作要求

1）完成程序调用、电参数设置、模拟加工。

2）完成电极的安装、校正。

3）完成工件装夹、校正及定位，并且符合工艺性。

4）加工中能正确调整电参数，加工出合格的产品。

5）文明操作及安全生产。

2. 试题图 2.1.4

3. 评分表

同上题。

四、单型腔零件加工（四）（试题代码：2.1.5；考核时间：60 min）

1. 试题单

（1）操作条件

1）零件图样（图号 2.1.5）。

2）加工设备（CNC 电火花成形机床）。

3）电极、加工坯料、量具、工具。

4）提供的数控程序已在机床中。

（2）操作内容

1）程序调用，电参数设置，模拟加工。

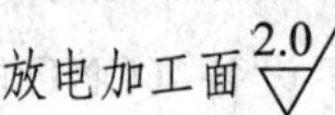

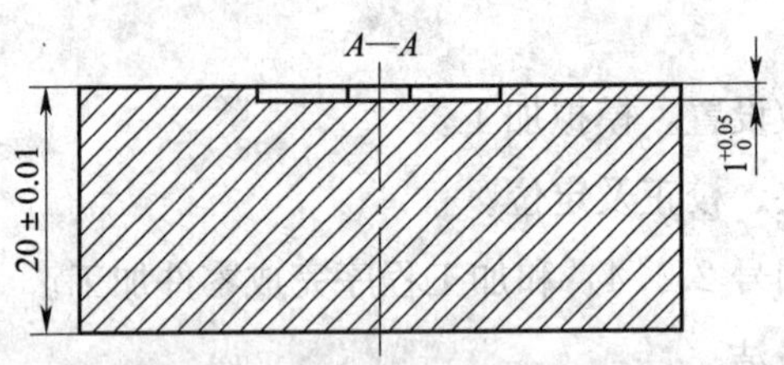

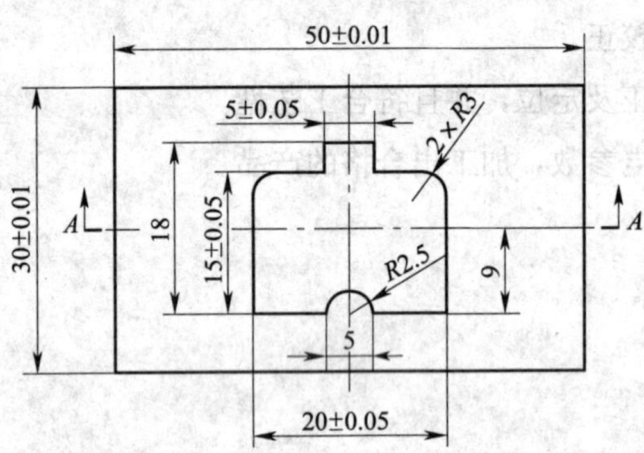

技术要求

1. 电极单边缩放量0.25mm。
2. 电极材料：C100B。

标记	处数	更改文件名	签字	日期	45钢			电火花成形（五级）
设计					图样标记	质量	比例	单型腔零件（四）
			日期		共 张		第 张	2.1.4

2）工件和电极的装夹、校正及定位。

3）根据零件图样（图号 2.1.5）和加工程序完成零件加工。

4）文明生产和机床清洁。

（3）操作要求

1）完成程序调用、电参数设置、模拟加工。

2）完成电极的安装、校正。

3）完成工件装夹、校正及定位，并且符合工艺性。

4）加工中能正确调整电参数，加工出合格的产品。

5）文明操作及安全生产。

2. 试题图 2.1.5

3. 评分表

同上题。

五、单型腔零件加工（五）（试题代码：2.1.6；考核时间：60 min）

1. 试题单

（1）操作条件

1）零件图样（图号 2.1.6）。

2）加工设备（CNC 电火花成形机床）。

3）电极、加工坯料、量具、工具。

4）提供的数控程序已在机床中。

（2）操作内容

1）程序调用，电参数设置，模拟加工。

2）工件和电极的装夹、校正及定位。

3）根据零件图样（图号 2.1.6）和加工程序完成零件加工。

4）文明生产和机床清洁。

（3）操作要求

1）完成程序调用、电参数设置、模拟加工。

2）完成电极的安装、校正。

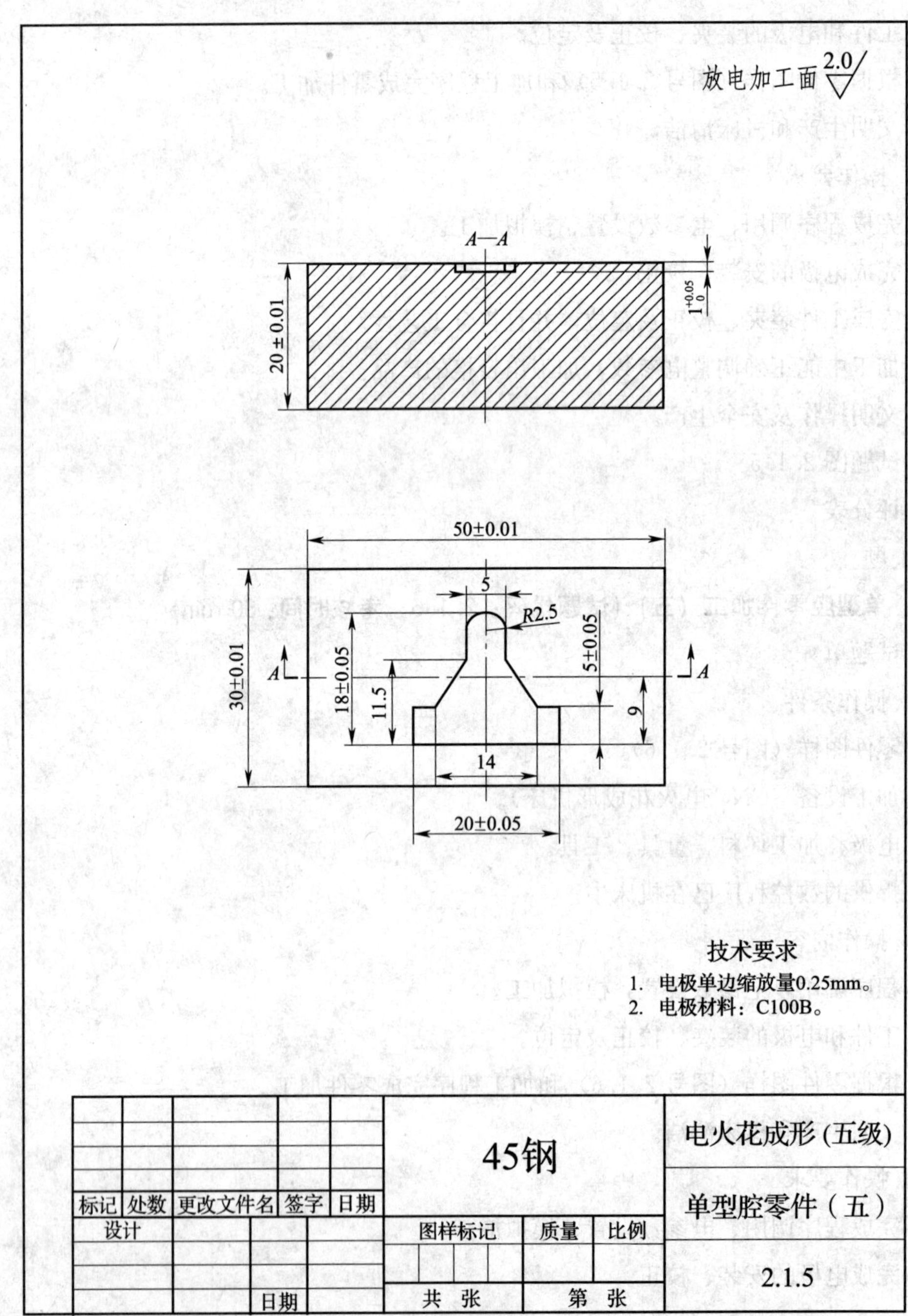
放电加工面 2.0
A—A
20 ± 0.01
$1^{+0.05}_{0}$
50±0.01
5
R2.5
30±0.01
18±0.05
11.5
5±0.05
9
A
A
14
20±0.05
技术要求
1. 电极单边缩放量0.25mm。
2. 电极材料：C100B。
45钢
电火花成形 (五级)
单型腔零件（五）
标记 处数 更改文件名 签字 日期
设计
日期
图样标记 质量 比例
共 张 第 张
2.1.5

3）完成工件装夹、校正及定位，并且符合工艺性。

4）加工中能正确调整电参数，加工出合格的产品。

5）文明操作及安全生产。

2. 试题图 2.1.6

3. 评分表

同上题。

六、单型腔零件加工（六）（试题代码：2.1.7；考核时间：60 min）

1. 试题单

（1）操作条件

1）零件图样（图号 2.1.7）。

2）加工设备（CNC 电火花成形机床）。

3）电极、加工坯料、量具、工具。

4）提供的数控程序已在机床中。

（2）操作内容

1）程序调用，电参数设置，模拟加工。

2）工件和电极的装夹、校正及定位。

3）根据零件图样（图号 2.1.7）和加工程序完成零件加工。

4）文明生产和机床清洁。

（3）操作要求

1）完成程序调用、电参数设置、模拟加工。

2）完成电极的安装、校正。

3）完成工件装夹、校正及定位，并且符合工艺性。

4）加工中能正确调整电参数，加工出合格的产品。

5）文明操作及安全生产。

2. 试题图 2.1.7

3. 评分表

同上题。

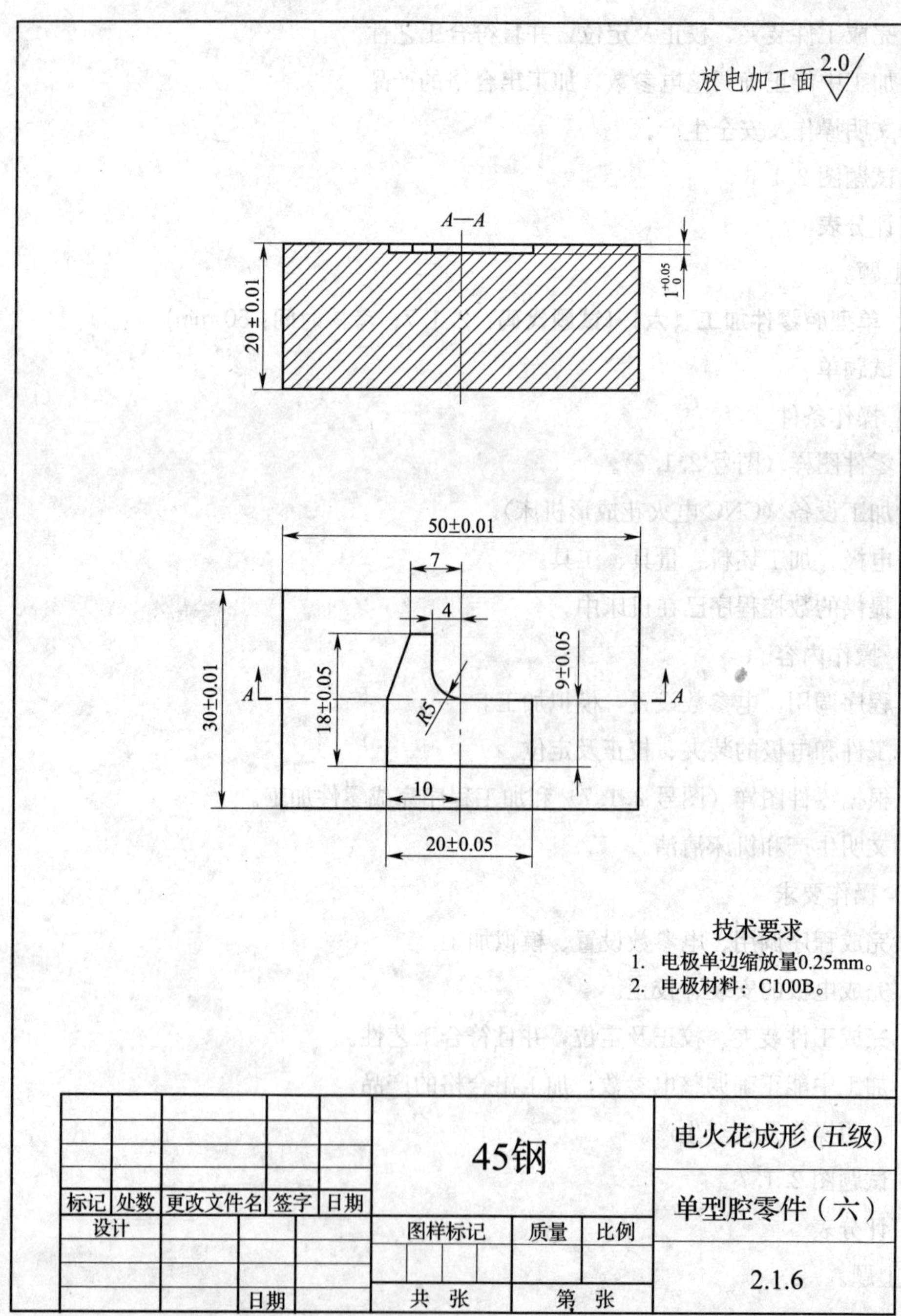

放电加工面 2.0
A—A
20±0.01
$1^{+0.05}_{0}$
50±0.01
7
4
30±0.01
18±0.05
9±0.05
R5
A
A
10
20±0.05
技术要求
1. 电极单边缩放量0.25mm。
2. 电极材料：C100B。
45钢
电火花成形（五级）
单型腔零件（六）
标记 处数 更改文件名 签字 日期
设计
日期
图样标记 质量 比例
共 张 第 张
2.1.6

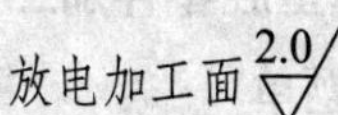

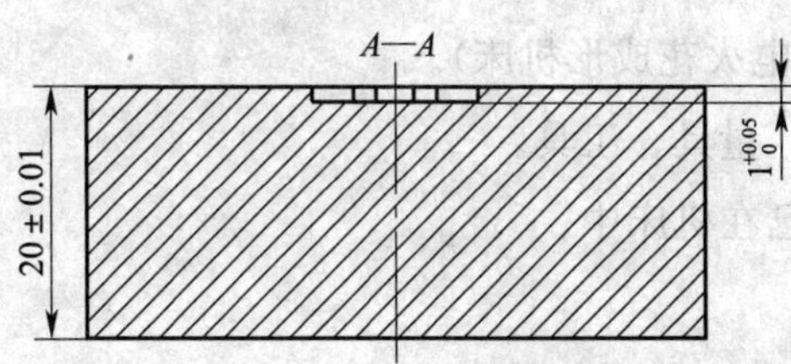

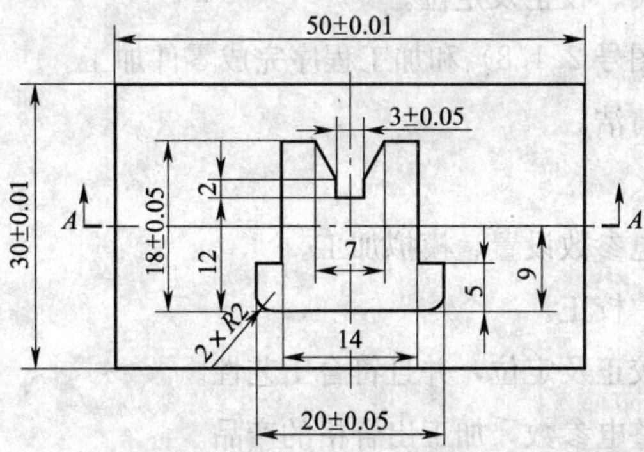

技术要求

1. 电极单边缩放量0.25mm。
2. 电极材料：C100B。

标记	处数	更改文件名	签字	日期	45钢	电火花成形(五级)
设计					图样标记 / 质量 / 比例	单型腔零件（七）
		日期			共　张　/　第　张	2.1.7

七、单型腔零件加工（七）（试题代码：2.1.8；考核时间：60 min）

1. 试题单

（1）操作条件

1）零件图样（图号 2.1.8）。

2）加工设备（CNC 电火花成形机床）。

3）电极、加工坯料、量具、工具。

4）提供的数控程序已在机床中。

（2）操作内容

1）程序调用，电参数设置，模拟加工。

2）工件和电极的装夹、校正及定位。

3）根据零件图样（图号 2.1.8）和加工程序完成零件加工。

4）文明生产和机床清洁。

（3）操作要求

1）完成程序调用、电参数设置、模拟加工。

2）完成电极的安装、校正。

3）完成工件装夹、校正及定位，并且符合工艺性。

4）加工中能正确调整电参数，加工出合格的产品。

5）文明操作及安全生产。

2. 试题图 2.1.8

3. 评分表

同上题。

八、单型腔零件加工（八）（试题代码：2.1.9；考核时间：60 min）

1. 试题单

（1）操作条件

1）零件图样（图号 2.1.9）。

2）加工设备（CNC 电火花成形机床）。

3）电极、加工坯料、量具、工具。

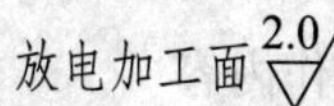

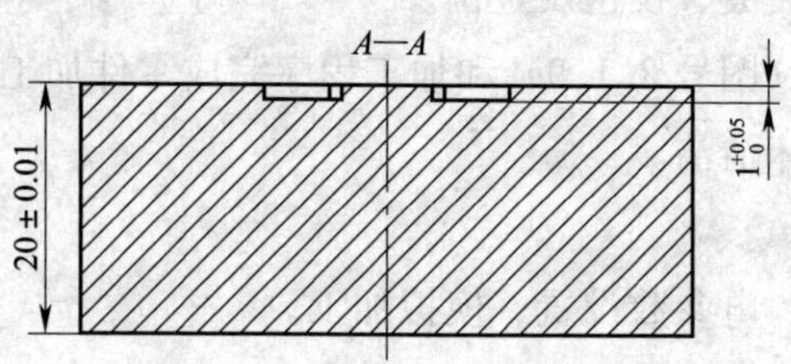

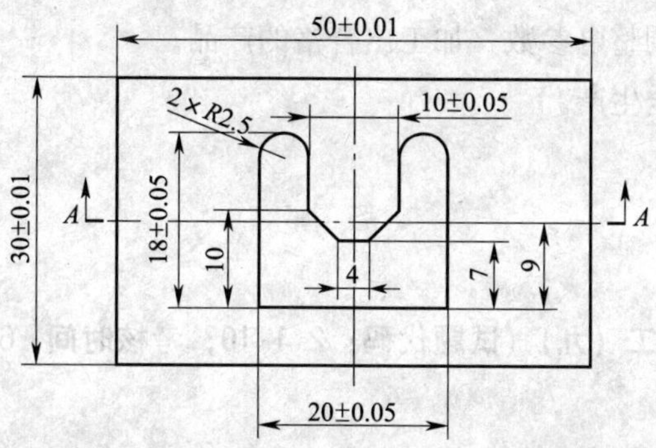

技术要求

1. 电极单边缩放量0.25mm。
2. 电极材料：C100B。

					45钢			电火花成形 (五级)
标记	处数	更改文件名	签字	日期				单型腔零件（八）
设计					图样标记	质量	比例	
								2.1.8
		日期			共　张	第　张		

4）提供的数控程序已在机床中。

（2）操作内容

1）程序调用，电参数设置，模拟加工。

2）工件和电极的装夹、校正及定位。

3）根据零件图样（图号 2.1.9）和加工程序完成零件加工。

4）文明生产和机床清洁。

（3）操作要求

1）完成程序调用、电参数设置、模拟加工。

2）完成电极的安装、校正。

3）完成工件装夹、校正及定位，并且符合工艺性。

4）加工中能正确调整电参数，加工出合格的产品。

5）文明操作及安全生产。

2. 试题图 2.1.9

3. 评分表

同上题。

九、单型腔零件加工（九）（试题代码：2.1.10；考核时间：60 min）

1. 试题单

（1）操作条件

1）零件图样（图号 2.1.10）。

2）加工设备（CNC 电火花成形机床）。

3）电极、加工坯料、量具、工具。

4）提供的数控程序已在机床中。

（2）操作内容

1）程序调用，电参数设置，模拟加工。

2）工件和电极的装夹、校正及定位。

3）根据零件图样（图号 2.1.10）和加工程序完成零件加工。

4）文明生产和机床清洁。

（3）操作要求

放电加工面 $\overset{2.0}{\bigtriangledown}$

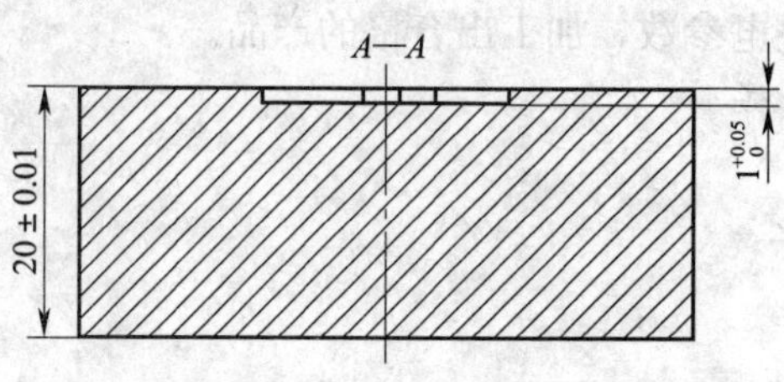

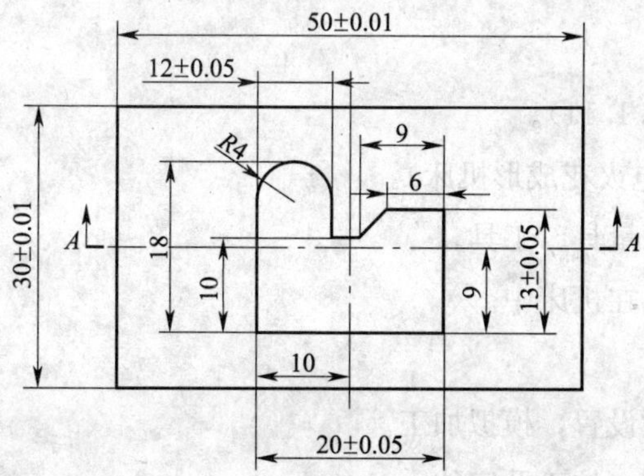

技术要求

1. 电极单边缩放量0.25mm。
2. 电极材料：C100B。

					45钢			电火花成形 (五级)
标记	处数	更改文件名	签字	日期				单型腔零件（九）
设计					图样标记	质量	比例	
								2.1.9
			日期		共　张		第　张	

1）完成程序调用、电参数设置、模拟加工。

2）完成电极的安装、校正。

3）完成工件装夹、校正及定位，并且符合工艺性。

4）加工中能正确调整电参数，加工出合格的产品。

5）文明操作及安全生产。

2. 试题图 2.1.10

3. 评分表

同上题。

十、单型腔零件加工（十）（试题代码：2.1.11；考核时间：60 min）

1. 试题单

（1）操作条件

1）零件图样（图号 2.1.11）。

2）加工设备（CNC 电火花成形机床）。

3）电极、加工坯料、量具、工具。

4）提供的数控程序已在机床中。

（2）操作内容

1）程序调用，电参数设置，模拟加工。

2）工件和电极的装夹、校正及定位。

3）根据零件图样（图号 2.1.11）和加工程序完成零件加工。

4）文明生产和机床清洁。

（3）操作要求

1）完成程序调用、电参数设置、模拟加工。

2）完成电极的安装、校正。

3）完成工件装夹、校正及定位，并且符合工艺性。

4）加工中能正确调整电参数，加工出合格的产品。

5）文明操作及安全生产。

2. 试题图 2.1.11

放电加工面 2.0

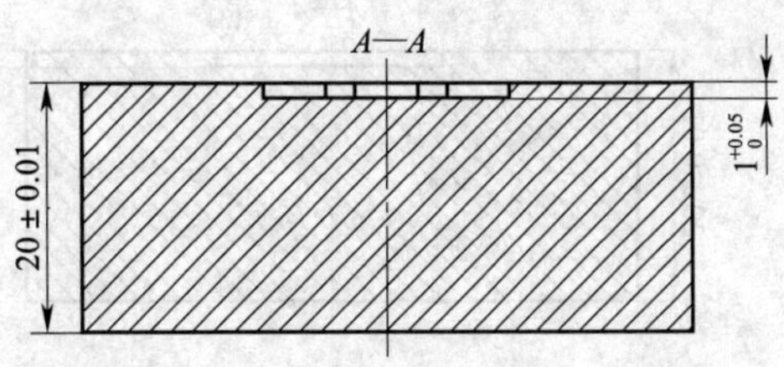

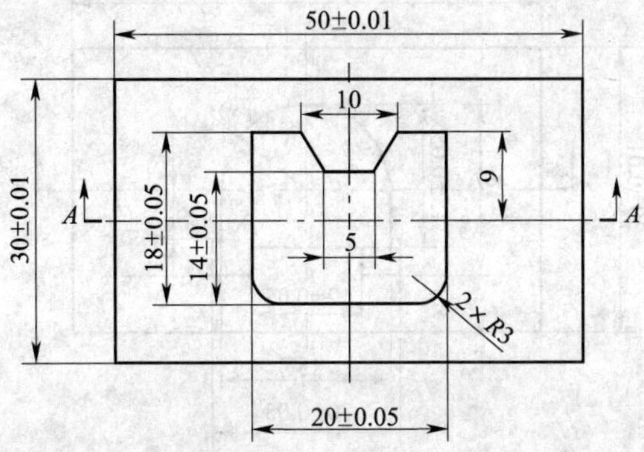

技术要求

1. 电极单边缩放量0.25mm。
2. 电极材料：C100B。

					45钢			电火花成形（五级）
标记	处数	更改文件名	签字	日期				单型腔零件（十）
设计					图样标记	质量	比例	
		日期			共　张		第　张	2.1.10

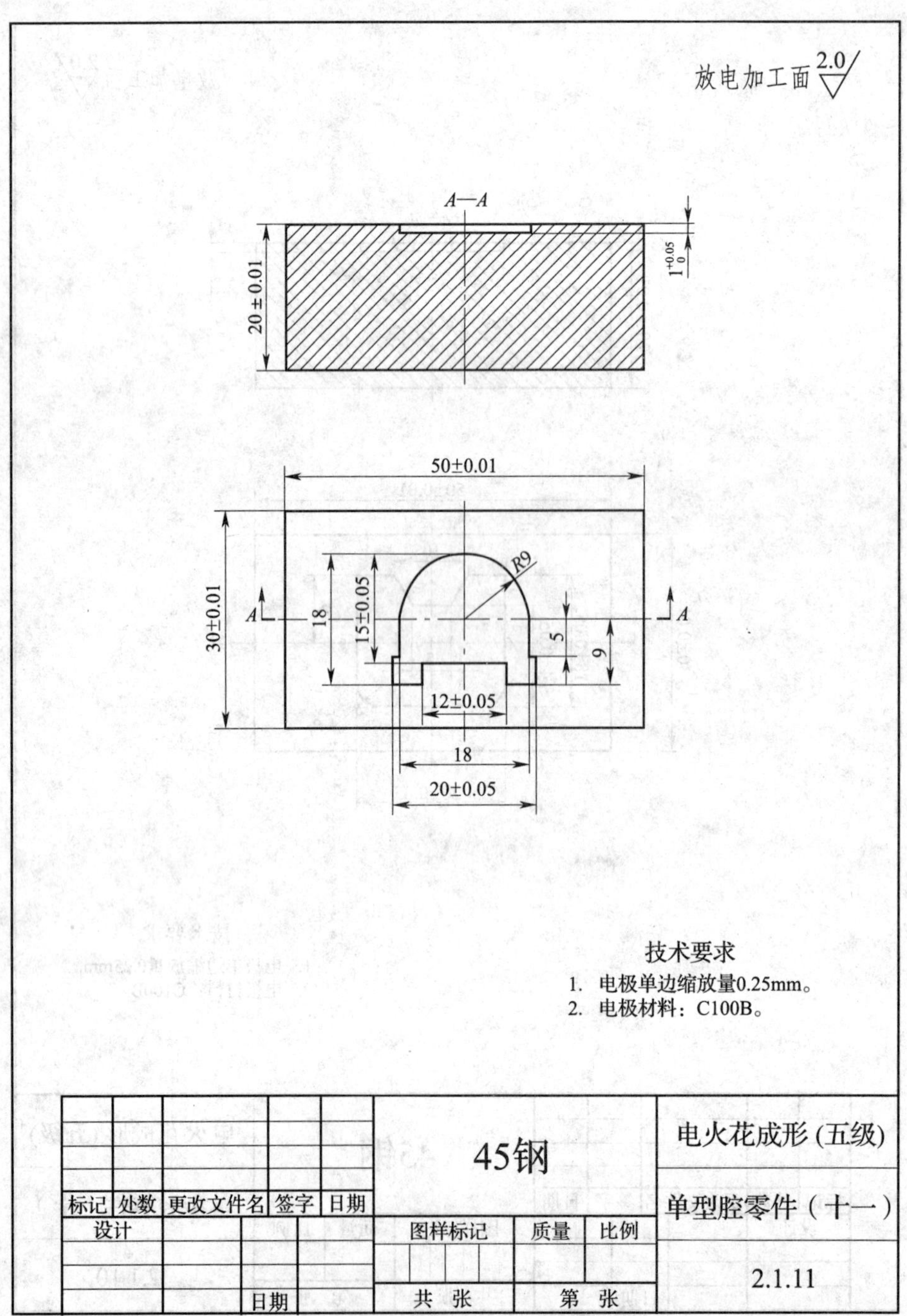
放电加工面 2.0
A—A
20±0.01
$1^{+0.05}_{0}$
50±0.01
30±0.01
R9
18
15±0.05
5
9
A
A
12±0.05
18
20±0.05
技术要求
1. 电极单边缩放量0.25mm。
2. 电极材料：C100B。
45钢
电火花成形（五级）
单型腔零件（十一）
标记 处数 更改文件名 签字 日期
设计
日期
图样标记 质量 比例
共 张 第 张
2.1.11

3. 评分表

同上题。

十一、单型腔零件加工（十一）（试题代码：2.1.12；考核时间：60 min）

1. 试题单

（1）操作条件

1）零件图样（图号 2.1.12）。

2）加工设备（CNC 电火花成形机床）。

3）电极、加工坯料、量具、工具。

4）提供的数控程序已在机床中。

（2）操作内容

1）程序调用，电参数设置，模拟加工。

2）工件和电极的装夹、校正及定位。

3）根据零件图样（图号 2.1.12）和加工程序完成零件加工。

4）文明生产和机床清洁。

（3）操作要求

1）完成程序调用、电参数设置、模拟加工。

2）完成电极的安装、校正。

3）完成工件装夹、校正及定位，并且符合工艺性。

4）加工中能正确调整电参数，加工出合格的产品。

5）文明操作及安全生产。

2. 试题图 2.1.12

3. 评分表

同上题。

十二、单型腔零件加工（十二）（试题代码：2.1.13；考核时间：60 min）

1. 试题单

（1）操作条件

1）零件图样（图号 2.1.13）。

2）加工设备（CNC 电火花成形机床）。

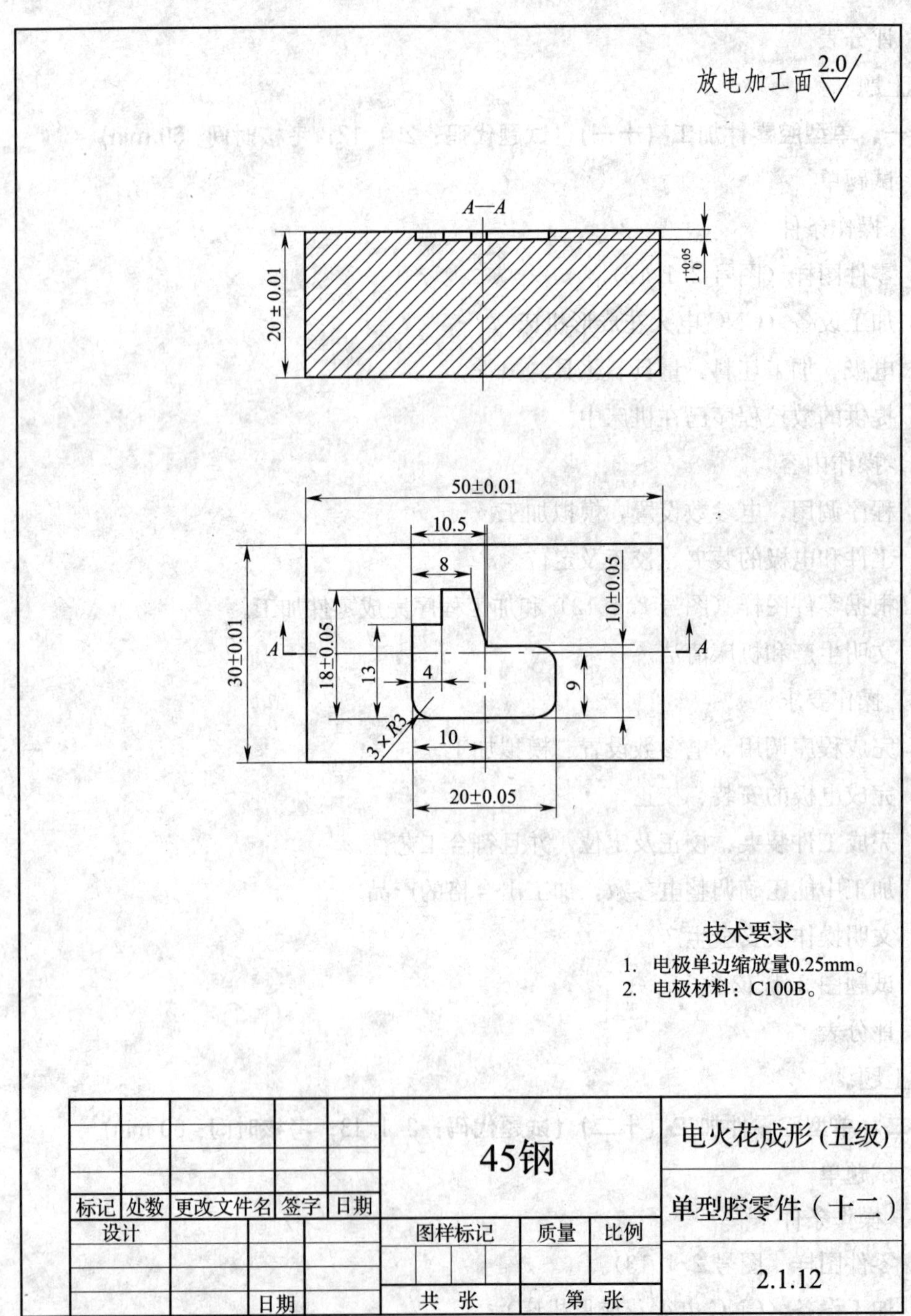

放电加工面 2.0
A—A
20±0.01
$1^{+0.05}_{0}$
50±0.01
10.5
8
10±0.05
30±0.01
18±0.05
13
4
9
A
A
3×R3
10
20±0.05
技术要求
1. 电极单边缩放量0.25mm。
2. 电极材料：C100B。
45钢
标记 处数 更改文件名 签字 日期
设计
日期
图样标记 质量 比例
共 张 第 张
电火花成形（五级）
单型腔零件（十二）
2.1.12

3）电极、加工坯料、量具、工具。

4）提供的数控程序已在机床中。

（2）操作内容

1）程序调用，电参数设置，模拟加工。

2）工件和电极的装夹、校正及定位。

3）根据零件图样（图号 2.1.13）和加工程序完成零件加工。

4）文明生产和机床清洁。

（3）操作要求

1）完成程序调用、电参数设置、模拟加工。

2）完成电极的安装、校正。

3）完成工件装夹、校正及定位，并且符合工艺性。

4）加工中能正确调整电参数，加工出合格的产品。

5）文明操作及安全生产。

2. 试题图 2.1.13

3. 评分表

同上题。

十三、单型腔零件加工（十三）（试题代码：2.1.14；考核时间：60 min）

1. 试题单

（1）操作条件

1）零件图样（图号 2.1.14）。

2）加工设备（CNC 电火花成形机床）。

3）电极、加工坯料、量具、工具。

4）提供的数控程序已在机床中。

（2）操作内容

1）程序调用，电参数设置，模拟加工。

2）工件和电极的装夹、校正及定位。

3）根据零件图样（图号 2.1.14）和加工程序完成零件加工。

4）文明生产和机床清洁。

（3）操作要求

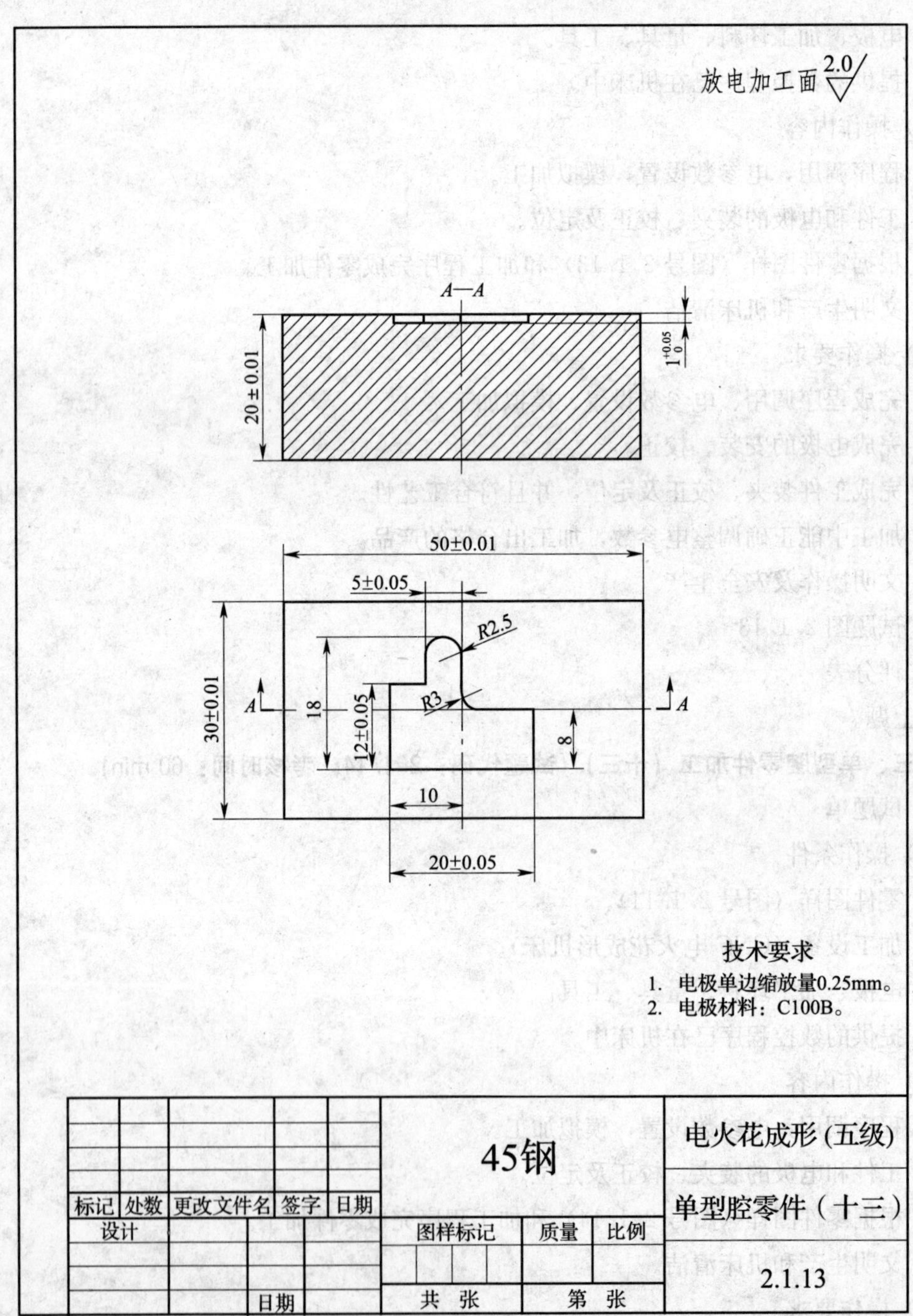
放电加工面 2.0
A—A
20 ± 0.01
$1^{+0.05}_{0}$
50±0.01
5±0.05
R2.5
R3
A
A
30±0.01
18
12±0.05
8
10
20±0.05
技术要求
1. 电极单边缩放量0.25mm。
2. 电极材料：C100B。
标记 处数 更改文件名 签字 日期
设计
日期
45钢
图样标记 质量 比例
共 张 第 张
电火花成形 (五级)
单型腔零件（十三）
2.1.13

1）完成程序调用、电参数设置、模拟加工。

2）完成电极的安装、校正。

3）完成工件装夹、校正及定位，并且符合工艺性。

4）加工中能正确调整电参数，加工出合格的产品。

5）文明操作及安全生产。

2. 试题图 2.1.14

3. 评分表

同上题。

十四、单型腔零件加工（十四）（试题代码：2.1.15；考核时间：60 min）

1. 试题单

(1) 操作条件

1）零件图样（图号 2.1.15）。

2）加工设备（CNC 电火花成形机床）。

3）电极、加工坯料、量具、工具。

4）提供的数控程序已在机床中。

(2) 操作内容

1）程序调用，电参数设置，模拟加工。

2）工件和电极的装夹、校正及定位。

3）根据零件图样（图号 2.1.15）和加工程序完成零件加工。

4）文明生产和机床清洁。

(3) 操作要求

1）完成程序调用、电参数设置、模拟加工。

2）完成电极的安装、校正。

3）完成工件装夹、校正及定位，并且符合工艺性。

4）加工中能正确调整电参数，加工出合格的产品。

5）文明操作及安全生产。

2. 试题图 2.1.15

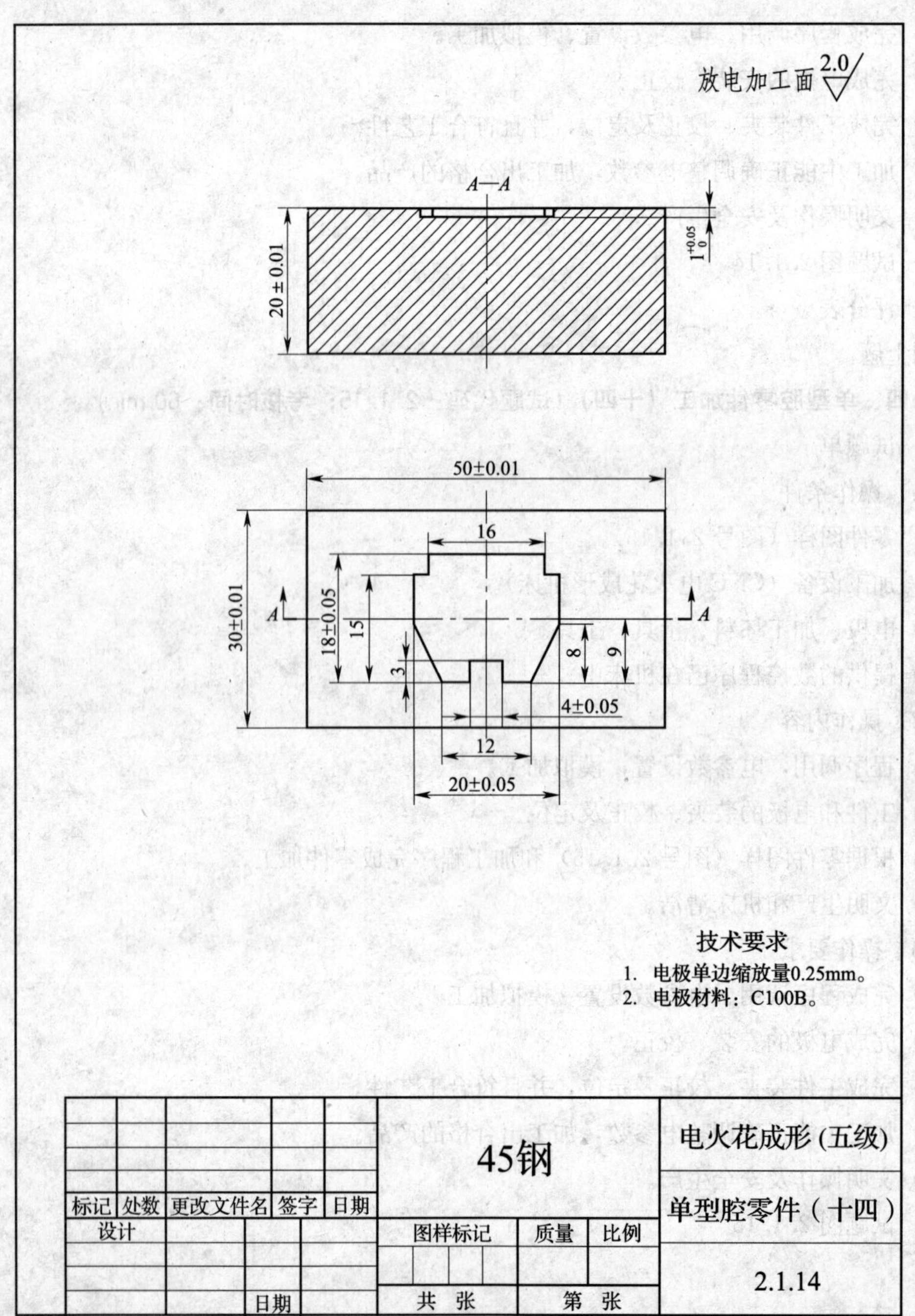

放电加工面 2.0
A—A
20±0.01
1+0.05 0
50±0.01
16
30±0.01
18±0.05
15
A
A
8
9
3
4±0.05
12
20±0.05
技术要求
1. 电极单边缩放量0.25mm。
2. 电极材料：C100B。
45钢
电火花成形(五级)
单型腔零件（十四）
标记 处数 更改文件名 签字 日期
设计
日期
图样标记 质量 比例
共 张 第 张
2.1.14

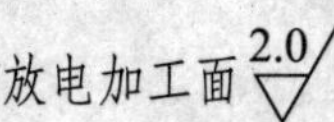

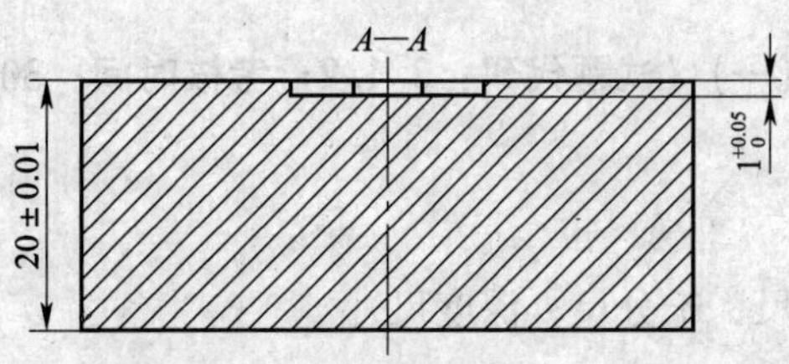

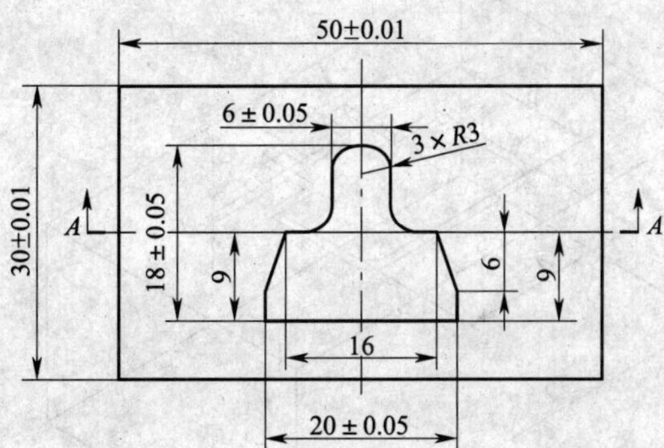

技术要求

1. 电极单边缩放量0.25mm。
2. 电极材料：C100B。

					45钢			电火花成形(五级)
标记	处数	更改文件名	签字	日期				单型腔零件（十五）
设计					图样标记	质量	比例	
								2.1.15
			日期		共 张		第 张	

3. 评分表

同上题。

零件测绘

一、单型腔零件测绘（一）（试题代码：3.1.2；考核时间：30 min）

1. 试题单

（1）操作条件

1）测量工具（游标卡尺、千分尺、深度尺）。

2）电脉冲测量件（单型腔零件），如下图所示。

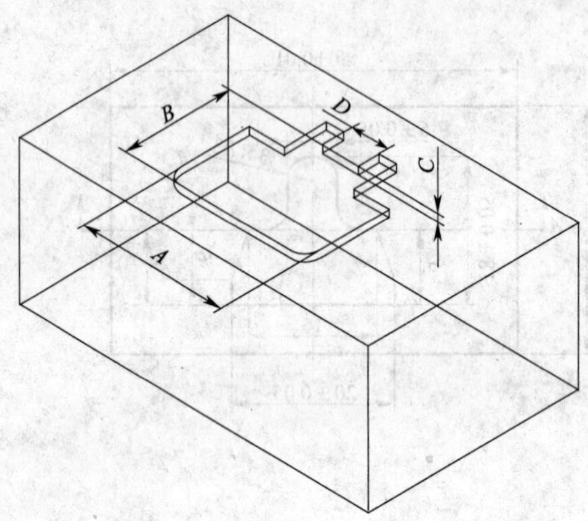

（2）操作内容

1）使用量具测量零件尺寸。

2）绘制零件草图。

3）标注零件尺寸。

（3）操作要求

1）合理选用量具，正确测量零件尺寸。

2）根据被测量件，在答题单上徒手绘制零件三视草图。

3）根据三维立体图上标明的要求，在三视草图上标注（A、B、C、D）零件尺寸，公差为±0.05 mm。

2. 答题卷

根据试题单要求测量零件，绘制三视草图，标注尺寸。

3. 评分表

试题代码及名称		3.1.2～3.1.15 单型腔零件测绘			考核时间					30 min
评价要素		配分	等级	评分细则	评定等级					得分
					A	B	C	D	E	
1	零件检测	5	A	检测零件尺寸完全正确						
			B	1 处检测不正确						
			C	2 处检测不正确						
			D	3 处及以上检测不正确						
			E	未答题						
2	草图绘制	3	A	草图绘制正确						
			B	草图绘制有 1 处不正确						
			C	草图绘制有 2～3 处不正确						
			D	草图绘制有 3 处以上不正确						
			E	未答题						
3	尺寸标注	2	A	尺寸标注正确						
			B	尺寸标注有 1 处不正确						
			C	尺寸标注有 2 处不正确						
			D	尺寸标注有 3 处及以上不正确						
			E	未答题						
合计配分		10	合计得分							

等级	A（优）	B（良）	C（及格）	D（差）	E（未答题）
比值	1.0	0.8	0.6	0.2	0

“评价要素”得分＝配分×等级比值。

二、单型腔零件测绘（二）（试题代码：3.1.3；考核时间：30 min）

1. 试题单

（1）操作条件

1）测量工具（游标卡尺、千分尺、深度尺）。

2）电脉冲测量件（单型腔零件），如下图所示。

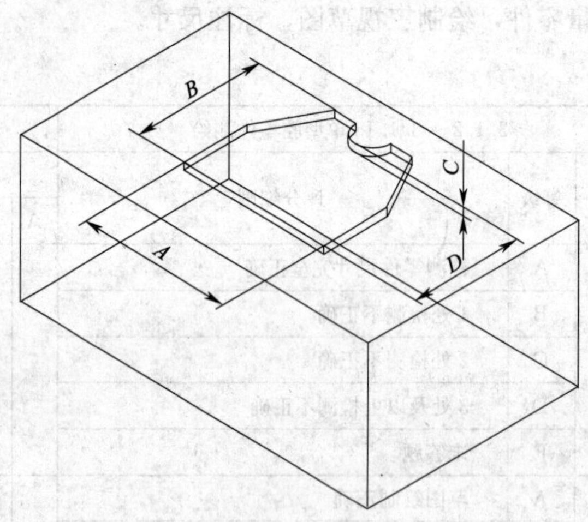

（2）操作内容

1）使用量具测量零件尺寸。

2）绘制零件草图。

3）标注零件尺寸。

（3）操作要求

1）合理选用量具，正确测量零件尺寸。

2）根据被测量件，在答题单上徒手绘制零件三视草图。

3）根据三维立体图上标明的要求，在三视草图上标注（A、B、C、D）零件尺寸，公差为±0.05 mm。

2. 答题卷

根据试题单要求测量零件，绘制三视草图，标注尺寸。

3. 评分表

同上题。

三、单型腔零件测绘（三）（试题代码：3.1.4；考核时间：30 min）

1. 试题单

（1）操作条件

1）测量工具（游标卡尺、千分尺、深度尺）。

2）电脉冲测量件（单型腔零件），如下图所示。

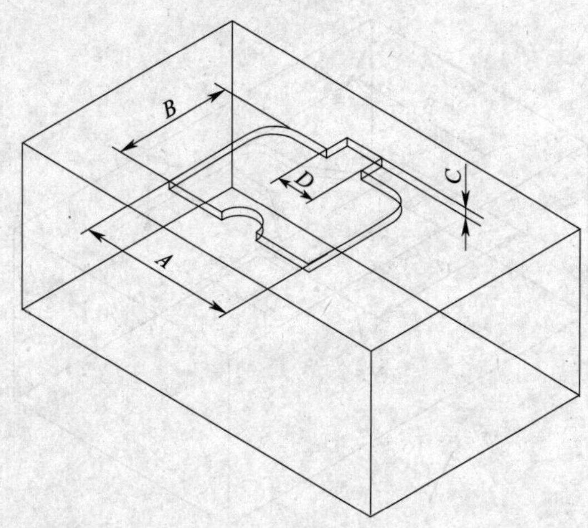

（2）操作内容

1）使用量具测量零件尺寸。

2）绘制零件草图。

3）标注零件尺寸。

（3）操作要求

1）合理选用量具，正确测量零件尺寸。

2）根据被测量件，在答题单上徒手绘制零件三视草图。

3）根据三维立体图上标明的要求，在三视草图上标注（A、B、C、D）零件尺寸，公差为±0.05 mm。

2. 答题卷

根据试题单要求测量零件，绘制三视草图，标注尺寸。

3. 评分表

同上题。

四、单型腔零件测绘（四）（试题代码：3.1.5；考核时间：30 min）

1. 试题单

（1）操作条件

1）测量工具（游标卡尺、千分尺、深度尺）。

2）电脉冲测量件（单型腔零件），如下图所示。

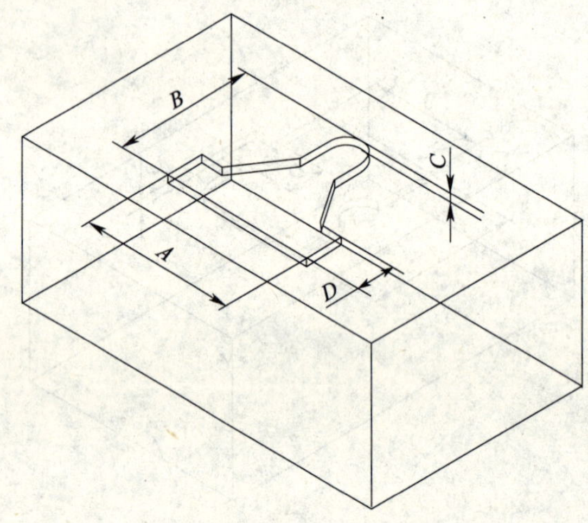

（2）操作内容

1）使用量具测量零件尺寸。

2）绘制零件草图。

3）标注零件尺寸。

（3）操作要求

1）合理选用量具，正确测量零件尺寸。

2）根据被测量件，在答题单上徒手绘制零件三视草图。

3）根据三维立体图上标明的要求，在三视草图上标注（*A*、*B*、*C*、*D*）零件尺寸，公差为±0.05 mm。

2. 答题卷

根据试题单要求测量零件，绘制三视草图，标注尺寸。

3. 评分表

同上题。

五、单型腔零件测绘（五）（试题代码：3.1.6；考核时间：30 min）

1. 试题单

（1）操作条件

1）测量工具（游标卡尺、千分尺、深度尺）。

2）电脉冲测量件（单型腔零件），如下图所示。

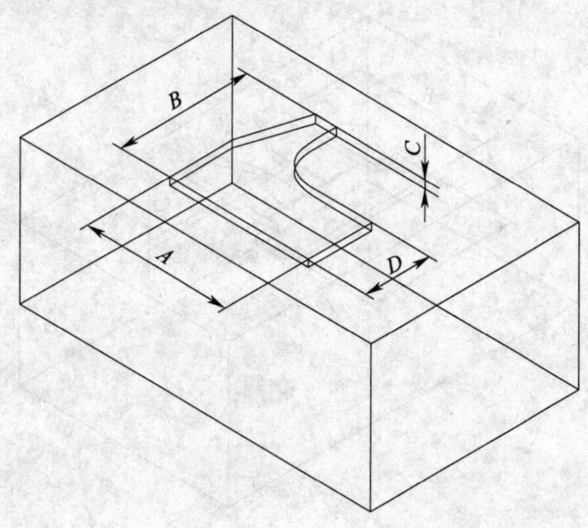

（2）操作内容

1）使用量具测量零件尺寸。

2）绘制零件草图。

3）标注零件尺寸。

（3）操作要求

1）合理选用量具，正确测量零件尺寸。

2）根据被测量件，在答题单上徒手绘制零件三视草图。

3）根据三维立体图上标明的要求，在三视草图上标注（A、B、C、D）零件尺寸，公差为±0.05 mm。

2. 答题卷

根据试题单要求测量零件，绘制三视草图，标注尺寸。

3. 评分表

同上题。

六、单型腔零件测绘（六）（试题代码：3.1.7；考核时间：30 min）

1. 试题单

（1）操作条件

1）测量工具（游标卡尺、千分尺、深度尺）。

2）电脉冲测量件（单型腔零件），如下图所示。

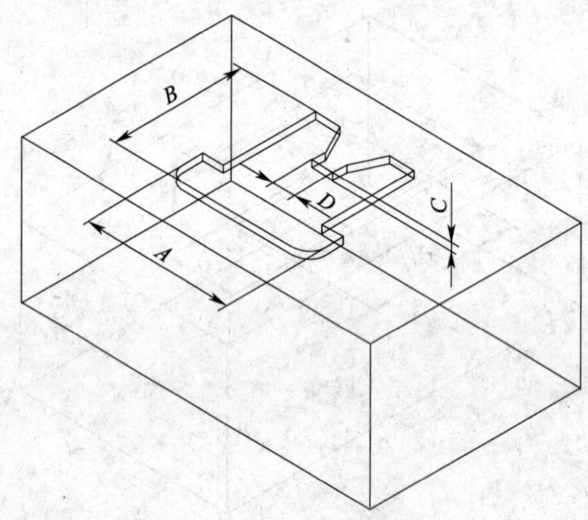

（2）操作内容

1）使用量具测量零件尺寸。

2）绘制零件草图。

3）标注零件尺寸。

（3）操作要求

1）合理选用量具，正确测量零件尺寸。

2）根据被测量件，在答题单上徒手绘制零件三视草图。

3）根据三维立体图上标明的要求，在三视草图上标注（A、B、C、D）零件尺寸，公差为±0.05 mm。

2. 答题卷

根据试题单要求测量零件，绘制三视草图，标注尺寸。

3. 评分表

同上题。

七、单型腔零件测绘（七）（试题代码：3.1.8；考核时间：30 min）

1. 试题单

（1）操作条件

1）测量工具（游标卡尺、千分尺、深度尺）。

2）电脉冲测量件（单型腔零件），如下图所示。

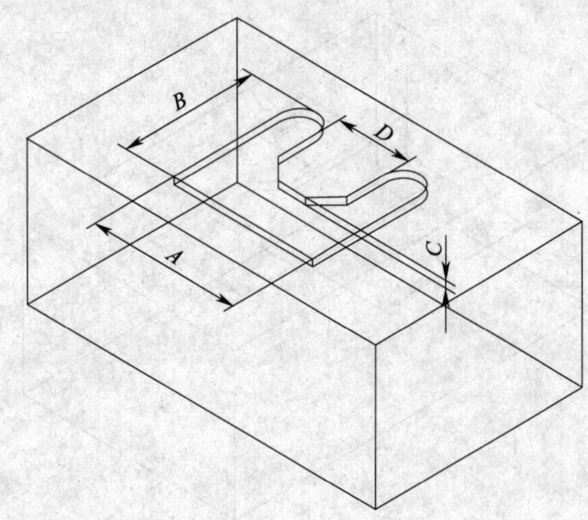

（2）操作内容

1）使用量具测量零件尺寸。

2）绘制零件草图。

3）标注零件尺寸。

（3）操作要求

1）合理选用量具，正确测量零件尺寸。

2）根据被测量件，在答题单上徒手绘制零件三视草图。

3）根据三维立体图上标明的要求，在三视草图上标注（A、B、C、D）零件尺寸，公差为±0.05 mm。

2. 答题卷

根据试题单要求测量零件，绘制三视草图，标注尺寸。

3. 评分表

同上题。

八、单型腔零件测绘（八）（试题代码：3.1.9；考核时间：30 min）

1. 试题单

（1）操作条件

1）测量工具（游标卡尺、千分尺、深度尺）。

2）电脉冲测量件（单型腔零件），如下图所示。

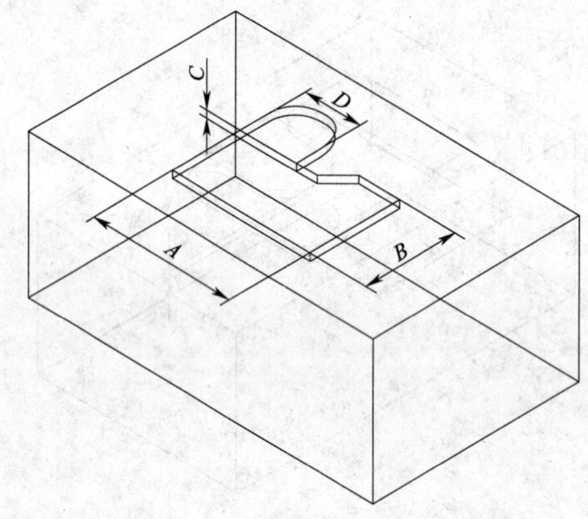

（2）操作内容

1）使用量具测量零件尺寸。

2）绘制零件草图。

3）标注零件尺寸。

（3）操作要求

1）合理选用量具，正确测量零件尺寸。

2）根据被测量件，在答题单上徒手绘制零件三视草图。

3）根据三维立体图上标明的要求，在三视草图上标注（A、B、C、D）零件尺寸，公差为±0.05 mm。

2. 答题卷

根据试题单要求测量零件，绘制三视草图，标注尺寸。

3. 评分表

同上题。

九、单型腔零件测绘（九）（试题代码：3.1.10；考核时间：30 min）

1. 试题单

（1）操作条件

1）测量工具（游标卡尺、千分尺、深度尺）。

2）电脉冲测量件（单型腔零件），如下图所示。

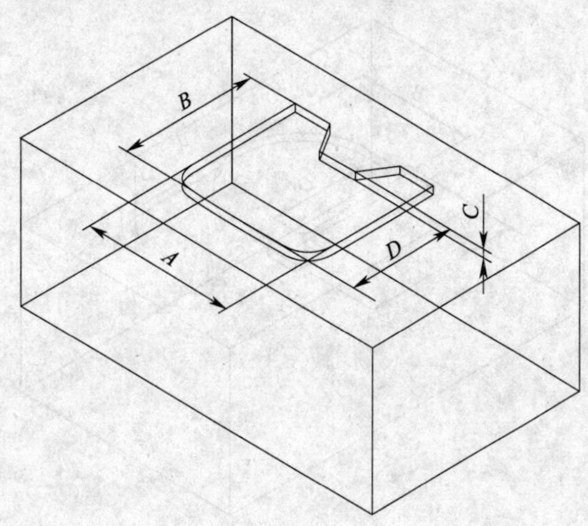

（2）操作内容

1）使用量具测量零件尺寸。

2）绘制零件草图。

3）标注零件尺寸。

（3）操作要求

1）合理选用量具，正确测量零件尺寸。

2）根据被测量件，在答题单上徒手绘制零件三视草图。

3）根据三维立体图上标明的要求，在三视草图上标注（A、B、C、D）零件尺寸，公差为±0.05 mm。

2. 答题卷

根据试题单要求测量零件，绘制三视草图，标注尺寸。

3. 评分表

同上题。

十、单型腔零件测绘（十）（试题代码：3.1.11；考核时间：30 min）

1. 试题单

（1）操作条件

1）测量工具（游标卡尺、千分尺、深度尺）。

2）电脉冲测量件（单型腔零件），如下图所示。

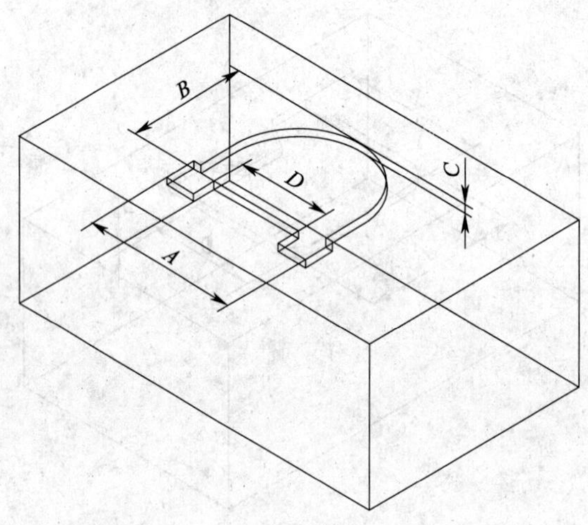

（2）操作内容

1）使用量具测量零件尺寸。

2）绘制零件草图。

3）标注零件尺寸。

（3）操作要求

1）合理选用量具，正确测量零件尺寸。

2）根据被测量件，在答题单上徒手绘制零件三视草图。

3）根据三维立体图上标明的要求，在三视草图上标注（A、B、C、D）零件尺寸，公差为±0.05 mm。

2. 答题卷

根据试题单要求测量零件，绘制三视草图，标注尺寸。

3. 评分表

同上题。

十一、单型腔零件测绘（十一）（试题代码：3.1.12；考核时间：30 min）

1. 试题单

（1）操作条件

1）测量工具（游标卡尺、千分尺、深度尺）。

2）电脉冲测量件（单型腔零件），如下图所示。

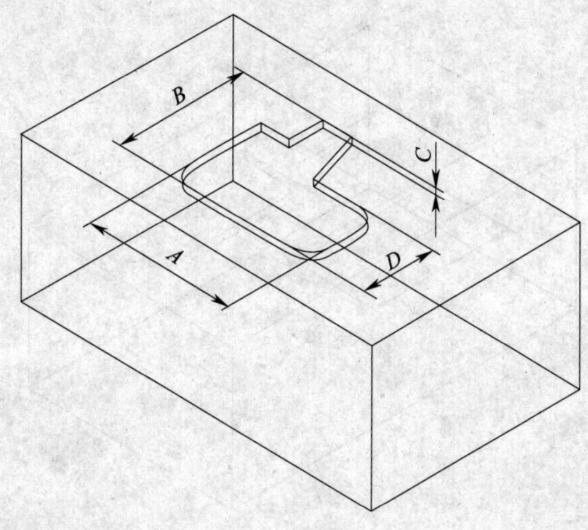

（2）操作内容

1）使用量具测量零件尺寸。

2）绘制零件草图。

3）标注零件尺寸。

（3）操作要求

1）合理选用量具，正确测量零件尺寸。

2）根据被测量件，在答题单上徒手绘制零件三视草图。

3）根据三维立体图上标明的要求，在三视草图上标注（A、B、C、D）零件尺寸，公差为±0.05 mm。

2. 答题卷

根据试题单要求测量零件，绘制三视草图，标注尺寸。

3. 评分表

同上题。

十二、单型腔零件测绘（十二）（试题代码：3.1.13；考核时间：30 min）

1. 试题单

（1）操作条件

1）测量工具（游标卡尺、千分尺、深度尺）。

2）电脉冲测量件（单型腔零件），如下图所示。

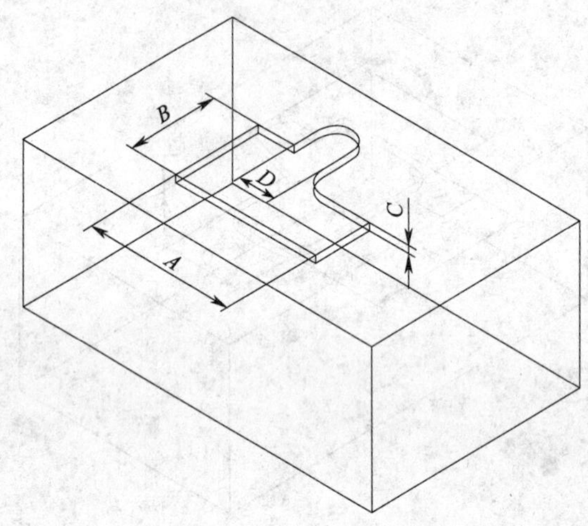

（2）操作内容

1）使用量具测量零件尺寸。

2）绘制零件草图。

3）标注零件尺寸。

（3）操作要求

1）合理选用量具，正确测量零件尺寸。

2）根据被测量件，在答题单上徒手绘制零件三视草图。

3）根据三维立体图上标明的要求，在三视草图上标注（A、B、C、D）零件尺寸，公差为±0.05 mm。

2. 答题卷

根据试题单要求测量零件，绘制三视草图，标注尺寸。

3. 评分表

同上题。

十三、单型腔零件测绘（十三）（试题代码：3.1.14；考核时间：30 min）

1. 试题单

（1）操作条件

1）测量工具（游标卡尺、千分尺、深度尺）。

2）电脉冲测量件（单型腔零件），如下图所示。

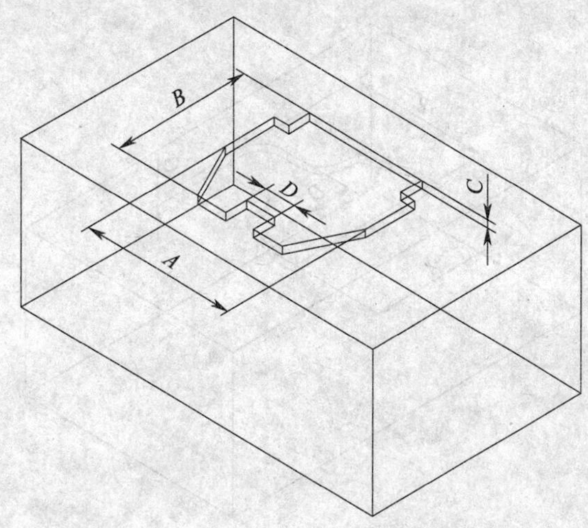

（2）操作内容

1）使用量具测量零件尺寸。

2）绘制零件草图。

3）标注零件尺寸。

（3）操作要求

1）合理选用量具，正确测量零件尺寸。

2）根据被测量件，在答题单上徒手绘制零件三视草图。

3）根据三维立体图上标明的要求，在三视草图上标注（A、B、C、D）零件尺寸，公差为±0.05 mm。

2．答题卷

根据试题单要求测量零件，绘制三视草图，标注尺寸。

3．评分表

同上题。

十四、单型腔零件测绘（十四）（试题代码：3.1.15；考核时间：30 min）

1．试题单

（1）操作条件

1）测量工具（游标卡尺、千分尺、深度尺）。

2）电脉冲测量件（单型腔零件），如下图所示。

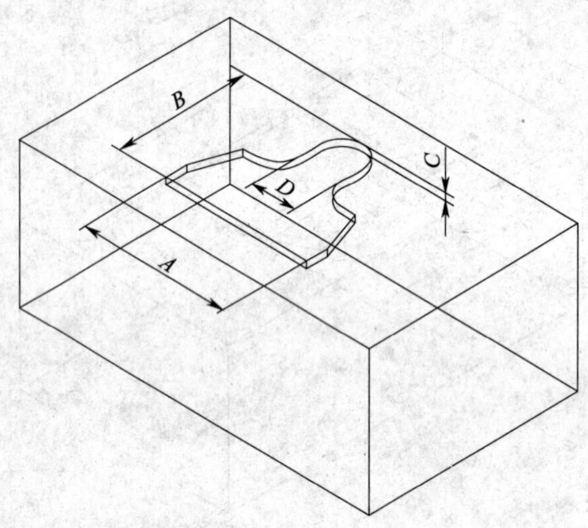

（2）操作内容

1）使用量具测量零件尺寸。

2）绘制零件草图。

3）标注零件尺寸。

（3）操作要求

1）合理选用量具，正确测量零件尺寸。

2）根据被测量件，在答题单上徒手绘制零件三视草图。

3）根据三维立体图上标明的要求，在三视草图上标注（*A*、*B*、*C*、*D*）零件尺寸，公差为±0.05 mm。

2. 答题卷

根据试题单要求测量零件，绘制三视草图，标注尺寸。

3. 评分表

同上题。

第 5 部分

理论知识考试模拟试卷及答案

电切削工（五级）理论知识试卷

注 意 事 项

1. 考试时间：90 min。
2. 请首先按要求在试卷的标封处填写您的姓名、准考证号和所在单位的名称。
3. 请仔细阅读各种题目的回答要求，在规定的位置填写您的答案。
4. 不要在试卷上乱写乱画，不要在标封区填写无关的内容。

	一	二	总分
得分			

得分	
评分人	

一、判断题（第 1 题～第 60 题。将判断结果填入括号中，正确的填“√”，错误的填“×”。每题 0.5 分，满分 30 分）

1. 图框右下角必须要有一标题栏，标题栏中的文字方向为看图方向。（ ）
2. 投射线平行于投影面的平行投影法称为正投影法。（ ）
3. 零件的结构形状表达方案中，左视图是核心。（ ）

4. 当零件所有表面具有相同的表面粗糙度要求时，可不标注表面粗糙度。（　）

5. 零件图上的技术要求应该包括作图的比例。（　）

6. 60Si2Mn 表示平均含碳量为 0.6%，含硅量约为 2%，含锰量小于 1.5%。（　）

7. 退火和正火目的相同，完全可以相互替代。（　）

8. 双头螺柱连接适用于被连接件之一较厚，难以穿孔并需经常拆装的场合。（　）

9. 目前最常用的齿廓曲线是渐开线。（　）

10. 对两个元件加相同的电压，电阻大的流过的电流小。（　）

11. 在液体介质小间隙中进行单个脉冲放电时，材料电腐蚀过程不需要形成放电通道。（　）

12. 电火花数控机床 DK7725 中的 25 表示工作台横向行程为 250 mm。（　）

13. 辅助装置包括油箱、油管及管接头、滤油器和蓄能器等。（　）

14. 可以用大规格的扳手来旋紧小尺寸螺钉或螺母，以增加锁紧力。（　）

15. 磁性夹具具有装夹快但夹紧力不大的特点。（　）

16. 用杠杆式百分表测量零件的尺寸，一般采用比较法。（　）

17. 在大批量生产时，为提高生产效率，应该采用直接找正法。（　）

18. 利用穿丝孔处划出的十字线进行目测比不用十字线的精度高。（　）

19. 从电火花的加工原理来说，任何导电材料都可以作为电极。（　）

20. 电火花成形加工，当以宽脉冲、大电流加工时，石墨材料不容易起弧烧伤工件表面。（　）

21. T84 为打开液泵指令，T85 为关闭液泵指令。（　）

22. 电火花线切割加工程序可用 ISO 代码或 B 代码编制。（　）

23. 3B 程序“B5000BB20000GYSR1”表示沿着 Y 坐标轴从第一象限开始加工直径为 5.0 mm 的逆圆弧。（　）

24. CAXA XP 线切割编程软件是只能用于编制 3B 指令格式的软件。（　）

25. 用程序“B100B200B200GXL1”来加工圆弧，其 3B 格式是正确的。（　）

26. 数控电火花线切割加工机床操作前必须检查丝筒、换向开关、拖板、高频电源和工作液。（　）

27. 在丝筒的任意位置都能安装电极丝。（　）

28. 角定位可通过手工放电目测法和接触感知法来进行。（　）

29. 电规准选用只对加工速度有影响，对加工精度没有影响。（　）

30. 由于加工前准备工作都已完成，执行加工后操作人员可去干别的工作。（　）

31. 零件内形线性尺寸精度为0.001～0.01 mm可选用内径千分尺检测。（　）

32. 型腔垂直度的检测也可选用百分表或千分表。（　）

33. 工作台导轨和工作台丝杆必须每天注油润滑。（　）

34. 工作液起导电作用。（　）

35. G指令是机床实施轨迹运行、坐标设置、原点复归、补偿方向等判断的命令。（　）

36. 放电加工只要选择粗、精两条加工条件即可。（　）

37. 初始条件即为零件表面粗糙度要求。（　）

38. 铜电极可以加工任何要求的工件。（　）

39. 采用摇动方式加工是为了修正侧面和底面的表面粗糙度及尺寸精度。（　）

40. 某零件为正方形，其摇动模式是LN02。（　）

41. 采用内径千分尺可正确进行内径定位。（　）

42. 工作液放不出一定是试加工状态。（　）

43. 游标深度尺使用时，不需将尺架贴紧工件的平面。（　）

44. 应根据被测件的尺寸和精度要求选择计量器具。（　）

45. 电火花成形加工机床，要定期对需润滑的摩擦表面加注润滑油，防止灰尘和异物等进入丝杆、导轨等摩擦表面。（　）

46. 工具电极的安装轴，可以作上下运动的轴系称为*X*轴。（　）

47. 石墨电极常采用大峰值电流加工，一是减少损耗，二是提高加工效率。（　）

48. G指令是控制程序暂停或终止执行、调用子程序、回归主程序等功能的指令。（　）

49. “G92X0Y0Z0;”表示*X*、*Y*、*Z*零点设定。（　）

50. 放电面积即电极的表面积。（　）

51. 工具电极单边间隙即加工后工件尺寸与电极尺寸之差。 （ ）

52. 试加工可设置为与加工深度方向相同。 （ ）

53. 电极与工件之间的定位可通过面板操作来完成。 （ ）

54. 工件校正可以借助于杠杆式百分表或千分表。 （ ）

55. 角定位也可直接采用模块方法进行。 （ ）

56. 游标卡尺的读数部分由尺身读数和游标读数组成。 （ ）

57. 用比较法评定表面粗糙度，不但精确而且简单。 （ ）

58. 电火花成形加工机床在与外部机器连接时，要使用光电缆。 （ ）

59. 平行度的检测可选用百分表。 （ ）

60. 对计量器具中的相对运动表面，应定期加注仪表油，以使各部分相对运动自如。 （ ）

得分	
评分人	

二、单项选择题（第 1 题～第 140 题。选择一个正确的答案，将相应的字母填入题内的括号中。每题 0.5 分，满分 70 分）

1. 若采用缩小比例，图样上标注的应是机件的（ ）。

A. 缩小尺寸　B. 实际尺寸　C. 放大尺寸　D. 比例尺寸

2. 图样中书写的数字和字母，可写成（ ）。

A. 直体和斜体　B. 黑体和斜体　C. 宋体和斜体　D. 直体和黑体

3. 图样中的对称中心线和轴线用（ ）画出。

A. 细实线　B. 粗实线　C. 细点画线　D. 细虚线

4. 尺寸标注中的符号“ϕ”表示（ ）。

A. 半径　B. 直径　C. 长度　D. 角度

5. 平面平行于投影面的投影反映实形，这种性质叫（ ）。

A. 积聚性　B. 类似性　C. 真实性　D. 放大性

6. 主视图上可以反映零件长、宽、高三个方向尺寸中的（ ）。

A. 长、宽、高　B. 长和宽　C. 高和宽　D. 长和高

7. 主、俯视图中相应投影的长度相等，简称（　　）。

A. 长对正　　B. 高平齐　　C. 宽相等　　D. 长相等

8. 机械零件剖视图中的剖面线为间隔相等的平行（　　）。

A. 粗实线　　B. 细实线　　C. 细点画线　　D. 波浪线

9. 移出断面图的剖切平面应与被剖部分的轮廓线（　　）。

A. 平行　　B. 垂直　　C. 相交　　D. 倾斜

10. 当同一物体有几处被放大的部分时，要用（　　）依次标明被放大的部位。

A. 罗马数字　　B. 阿拉伯数字　　C. 英语字母　　D. 汉字

11. （　　）应从主要基准直接注出，以免加工误差积累。

A. 次要尺寸　　B. 工艺尺寸　　C. 封闭尺寸　　D. 重要尺寸

12. 某基准孔的基本尺寸为 ϕ50 mm，标准公差为 8 级，则代号标注是（　　）。

A. ϕ50h8　　B. ϕ50H8　　C. ϕ50F8　　D. ϕ50f8

13. 下列（　　）属于形状公差特征项目。

A. 平行度　　B. 平面度　　C. 垂直度　　D. 对称度

14. 下列不属于零件图上标题栏内的项目的是（　　）。

A. 零件的形位公差　　B. 零件的材料

C. 零件的名称　　D. 作图的比例

15. 零件图中的图形只能表达零件的（　　）。

A. 大小　　B. 材料　　C. 技术要求　　D. 形状结构

16. 普通钢、优质钢、高级优质钢分类的依据是（　　）。

A. 合金元素含量的高低　　B. S、P 含量的高低

C. 含碳量的高低　　D. Mn、Si 含量的高低

17. T8 钢的含碳量为（　　）。

A. 0.08%　　B. 0.8%　　C. 8%　　D. 80%

18. 冲模、丝锥、卡尺等受较小冲击的工具和耐磨机件可选用（　　）。

A. T10　　B. 45　　C. Q255　　D. 65

19. 合金工具钢包括（　　）。

A. 高速钢，刃具钢，量具钢　　B. 刃具钢，模具钢，量具钢

C. 高速钢，模具钢，刃具钢　　D. 量具钢，模具钢，轴承钢

20. 制造冷冲模、冷压模等冷变形模具应选用下列（　　）。

A. Cr12MoV 或 Cr12　　B. W18Cr4V 或 W6Mo5Cr4V2

C. 5CrNiMo 或 3Cr2W8V　　D. 16Mn 或 15MnV

21. 要求承受压力和消振的床身、结构复杂的箱体及经受摩擦的导轨应采用（　　）制造。

A. 碳素钢　　B. 合金钢　　C. 铸铁　　D. 特殊性能钢

22. 柴油机曲轴一般选择（　　）制造。

A. 碳素工具钢　　B. 合金工具钢　　C. 灰铸铁　　D. 球墨铸铁

23. 制造飞机上受力较大的结构件，如飞机大梁可采用（　　）。

A. 硬铝　　B. 超硬铝　　C. 锻铝　　D. 防锈铝

24. H70 属于（　　），可用来制造弹壳、散热器等。

A. 普通黄铜　　B. 特殊黄铜　　C. 锡青铜　　D. 白铜

25. 为降低淬火应力，提高钢的韧性，保持高硬度和耐磨性，淬火后应（　　）。

A. 高温回火　　B. 中温回火　　C. 低温回火　　D. 完全回火

26. 最常用的表面热处理方法有（　　）种。

A. 5　　B. 4　　C. 3　　D. 2

27. 渗碳后热处理一般是采用（　　）。

A. 淬火+低温回火　　B. 淬火+中温回火

C. 淬火+高温回火　　D. 淬火+退火

28. 同一接合面上的定位销数目不得少于（　　）个。

A. 2　　B. 3　　C. 4　　D. 6

29. 增大阶梯轴圆角半径的主要目的是（　　）。

A. 使零件的轴向定位可靠　　B. 使轴加工方便

C. 降低应力集中，提高轴的疲劳强度　　D. 使轴的外形更美观

30. 6310 轴承内圈的直径是（　　）mm。

A. 10　　B. 50　　C. 310　　D. 6 310

31. 形成电流的条件是（　　）。

A. 需要电源　　B. 需要闭合路径　　C. 需要负载　　D. 以上三者都需要

32. 电路中 A 点的电位为 15 V，B 点的电位为 7 V，则 AB 间的电压为（　　）V。

A. 15　　B. 7　　C. 8　　D. 22

33. 某一电器使用 3 h 消耗了 6 度电，则该元件的功率为（　　）kW。

A. 1　　B. 2　　C. 3　　D. 4

34. 若将一段电阻值为 R 的导线均匀拉长至原来的两倍，则其电阻值为（　　）。

A. $2R$　　B. $\frac{1}{2}R$　　C. $\frac{1}{4}R$　　D. $4R$

35. 两根导线的电阻值都为 R，把两根导线并联在一起，则总的阻值为（　　）。

A. R　　B. $2R$　　C. $1/R$　　D. $\frac{1}{2}R$

36. 两个电阻串联，一个 50 Ω 电阻上所加的电压为 100 V，则另一个 30 Ω 的电阻上所加的电压为（　　）V。

A. 100　　B. 80　　C. 60　　D. 40

37. 一个 60 Ω 和一个 30 Ω 电阻并联，则总的等效电阻为（　　）Ω。

A. 20　　B. 30　　C. 60　　D. 90

38. 电加工机床的主要用途是加工导电材料的零件和（　　）零件。

A. 模具　　B. 塑料　　C. 木材　　D. 纸质制品

39. 电切削加工必须采用单向（　　）电源。

A. 交流　　B. 脉冲　　C. 高压　　D. 稳压

40. 按习惯，当阳极蚀除速度大于阴极时，其极效应称为（　　）。

A. 阳极性　　B. 阴极性　　C. 正极性　　D. 负极性

41. 电切削加工时，工具电极与工件表面不（　　）。

A. 切削　　B. 发热　　C. 接触　　D. 放电

42. 对工件型腔面的电加工，一般采用（　　）加工形式。

A. 线切割　　B. 电磨削　　C. 成形　　D. 穿孔

43. 用电火花穿孔机加工较大的孔时，应先用机械方法粗加工孔，留适当的加工余量，一般单边余量为（　　）mm。

A. 0.05～0.2　　B. 0.2～0.5　　C. 0.5～1　　D. 1～2

44. 为保证电极与工件间始终保持一定的放电间隙，电火花成形加工机必须有（　　）机构。

A. 自动脉冲电流　　B. 自动进给调节

C. 自动上下平动　　D. 自动控制

45. 电火花线切割机床坐标工作台由两个步进电动机带动，控制器每发出一个进给脉冲信号，工作台就移动（　　）mm。

A. 0.001　　B. 0.005　　C. 0.01　　D. 0.1

46. DK7725 表示为电火花数控机床，其中 D 表示为（　　）机床。

A. 线切割　　B. 成形　　C. 电解　　D. 电加工

47. 高频脉冲电源发出的脉冲电源波形宽度，称为（　　）。

A. 脉宽　　B. 间隔　　C. 周期　　D. 单位时间

48. 控制系统是根据（　　）控制机床进行加工的。

A. 程序　　B. 指令代码　　C. 加工参数　　D. 间隙补偿量

49. 工作台是通过手动或（　　）带动丝杆，使其作纵、横向移动的。

A. 步进电动机　　B. 液压马达　　C. 导轨　　D. 开合螺母

50. 伺服进给系统是不能控制工具电极和工件（　　）的。

A. 移动位置　　B. 移动方向　　C. 放电间隙　　D. 电流大小

51. 电切削加工常用的工作液有（　　）、变压器油、去离子水等。

A. 机油　　B. 牛油　　C. 煤油　　D. 盐水

52. 大部分电火花成形加工机床采用（　　）机体的形式。

A. 立式　　B. 卧式　　C. 简式　　D. 台式

53. 可调节电极角度夹头是电火花（　　）加工机床常用附件之一。

A. 线切割　　B. 成形　　C. 磨削　　D. 仿形

54. 为保证操作人员安全，可调节工具电极角度夹头部分应单独（　　）。

A. 使用　　B. 操作　　C. 绝缘　　D. 调节

55. 平动头的运动半径（　　）在加工过程中调节。

A. 可以　　B. 不可以　　C. 禁止

56. 平动头使用一段时间后，可用（　　）校对 X、Y 方向的偏心量是否有差异。

A. 游标卡尺　　B. 千分尺　　C. 百分表　　D. 块规

57. 采用油杯定位工件时，为防止在油杯内积聚气泡，抽油抽气管应紧挨在工件的（　　）。

A. 右侧　　B. 左侧　　C. 顶部　　D. 底部

58. 常用的旋具有（　　）和十字两种。

A. 人字　　B. 圆弧　　C. 八角　　D. 一字

59. 校准工件的工具，可采用（　　）。

A. 钢制榔头　　B. 铜棒或橡胶榔头

C. 钢棒　　D. 扳手

60. 钻夹头与钻床一般采用（　　）锥度的连接方法。

A. 标准　　B. 小　　C. 大　　D. 莫氏

61. 制造弹簧夹头的材料一般采用（　　）。

A. 高速钢　　B. 硬质合金　　C. 低碳钢　　D. 弹簧钢

62. 采用压板压紧工件时，其夹紧点必须（　　）加工部位。

A. 远离　　B. 靠近　　C. 大于　　D. 等于

63. 工件在分度夹具上的每一个加工位置，称为一个（　　）。

A. 位置　　B. 工序　　C. 工位　　D. 过程

64. 普通钢直尺 0～50 mm 长度内的分度值一般为（　　）mm。

A. 0.1　　B. 0.25　　C. 0.5　　D. 1

65. 游标深度尺主要适用于测量工件的（　　）。

A. 孔径　　B. 轴径　　C. 长度　　D. 沟槽深度

66. 百分表的测量杆每移动 1 mm，指针应转（　　）周。

A. 四分之一　　B. 三分之一　　C. 二分之一　　D. 一

67. 指针式百分表表盘上的分度值每格为（　　）mm。

A. 0.001　　B. 0.005　　C. 0.01　　D. 0.02

68. 加工过程中，请将液面设定为加工位置（　　）mm 以上，液面低有引起火灾的危险。

A. 10　　B. 20　　C. 30　　D. 40

69. 表面粗糙度比较样块适宜检验（　　）。

A. 外表面　　B. 内表面　　C. 内孔　　D. 凹槽

70. 在图纸上画一个同心圆，它的设计基准是（　　）。

A. 大圆　　B. 小圆　　C. 中心线　　D. 圆心

71. 测量工件已加工表面位置及尺寸时所依据的基准称为（　　）基准。

A. 定位　　B. 装配　　C. 测量　　D. 设计

72. 大批量生产中，为提高生产效率，保证加工精度，一般应该采用（　　）装夹法。

A. 直接　　B. 间接　　C. 划线　　D. 夹具

73. 使尽可能多的加工工序采用同一个基准的定位方法，称为（　　）原则。

A. 基准统一　　B. 基准重合　　C. 互为基准　　D. 基准组合

74. 打表法是利用（　　）来调整工件基准面与机床 X、Y 方向平行度的一种方法。

A. 游标卡尺　　B. 千分尺　　C. 百分表　　D. 块规

75. 采用电阻法确定电极丝相对于工件的坐标位置，有电表法、（　　）法等几种形式。

A. 电压　　B. 讯响器　　C. 电流　　D. 火花

76. 线切割时，当电极丝移近工件，使两极间达到一定的（　　）时，就产生火花，从而进行工件切割。

A. 放电间隔　　B. 放电压力　　C. 放电脉冲　　D. 放电效应

77. 慢走丝线切割时一般采用黄铜丝作为电极丝，电极丝作单向（　　）运动，用一次就弃掉。

A. 高速　　B. 低速　　C. 往复　　D. 上下

78. 最普及的复合电极丝是在黄铜丝上镀覆（　　）的电极丝。

A. 金层　　B. 锌层　　C. 银层　　D. 钛合金层

79. 紫铜电极具有电加工性能好，加工时电极损耗（　　）的特点。

A. 大　　B. 小　　C. 稳定　　D. 变化

80. 以下 G 代码中表示为直线插补加工的是（　　）。

A. G00　　B. G01　　C. G02　　D. G03

81. 返回主程序，继续执行下一个程序段可采用（　　）。

A. M00　　B. M02　　C. M98　　D. M99

82. 补偿量是由（　　）组成的。

A. 电极丝的直径

B. 电极丝的半径

C. 电极丝的半径、单边放电间隙

D. 电极丝的半径、单边放电间隙、精加工余量

83. B 指令编程的指令代码由（　　）组成。

A. B 分隔符　　B. J 计数长度

C. G 计数方向和 Z 加工指令　　D. B、J、G、Z 等指令

84. 快走丝线切割在（　　）状态下可进行程序输入。

A. 加工　　B. 不加工　　C. 什么状态都可以

85. 程序检查是在编辑状态下画轨迹图检查，同时还应该作（　　）检查。

A. 算坐标点　　B. 模拟加工　　C. 上机加工　　D. 上机输入

86. 模拟加工最重要的是要在加工工件的（　　）位置上进行。

A. 同一　　B. 任何　　C. 不同　　D. 多处

87. 用 3B 指令来加工第一象限的直线，请选择正确的加工方向："B2000B5000B5000GX（　　）"。

A. L1　　B. L2　　C. L3　　D. L4

88. 用 3B 指令编制逆时针圆弧程序加工的方向有 4 个，以下（　　）表示逆圆第二象限加工。

A. SR2　　B. NR1　　C. NR2　　D. SR4

89. 以下 3B 指令程序中，（　　）表示沿着 *X* 轴正方向加工。

A. B500BB500GXL1　　B. BB500B500GYL2

C. B500BB500GXL3　　D. BB500B500GYL4

90. 用3B指令来加工第一象限的斜线，请选择正确的计数方向：“B5000B3000B5000（　）L1”。

A. GY　　B. GX　　C. GZ　　D. GU

91. 可生成3B指令程序的软件是（　）。

A. UG NX6.0　　B. CAXA XP　　C. PRE2008　　D. ESPRIT2008

92. 电火花线切割加工零件材料可选用碳素工具钢、合金工具钢、优质碳素结构钢、硬质合金、紫铜和（　）等导电体。

A. 塑料　　B. 铝　　C. 木材　　D. 玻璃

93. 电参数是根据被加工零件的材料、厚度、（　）和表面粗糙度确定的。

A. 圆度　　B. 平行度　　C. 加工精度　　D. 垂直度

94. 编制3B指令程序时，以下选项中，（　）是不需要写进程序的。

A. 坐标位置　　B. 间隙补偿　　C. 加工方向　　D. 电规准

95. 快走丝机床开机时，必须首先合上（　）开关。

A. 总闸　　B. 控制　　C. 任意键　　D. 机械

96. 快速作图切割检查，工件的切割加工是在（　）菜单下进行的。

A. F8编辑　　B. F4设置　　C. F5人工　　D. F7运行

97. 数控电火花线切割加工机床操作前必须检查丝筒、换向开关、拖板、高频电源和（　）。

A. 工作液　　B. 电极丝　　C. 穿丝的正确性　　D. 安装工件位置

98. 电极丝校正是通过找正基准块，手工调整（　）轴，放电看火花来进行的。

A. X　　B. Y　　C. V、U　　D. Z

99. 加工精度要求较高时，工件装夹后，必须拉表找平行、（　）。

A. 圆度　　B. 垂直　　C. 基准　　D. 平面

100. 工件的定位面要有良好的精度，一般以（　）加工过的面定位为好，棱边倒钝，孔口倒角。

A. 磨削　B. 刨削　C. 锉削　D. 铣削

101. 内径定位孔口要倒角，热处理件切入处要去积盐及（　）。

A. 进行表面处理　B. 进行退火处理

C. 去氧化皮　D. 去磁

102. 运丝环节包括（　）、配重、导轮、导电块，检查维护好这些环节是保证运丝平稳的条件。

A. 拖板　B. 丝筒　C. 步进电动机　D. 丝杠

103. 快走丝线切割机床输入或调用程序可用手工键盘或（　）。

A. 蓝牙　B. 磁盘　C. DNC　D. U 盘

104. 画轨迹图是为了检查零件的（　）。

A. 形状　B. 加工参数　C. 加工次数　D. 指令代码

105. 试加工要在工件安装定位完毕，程序检查正确后，在加工的（　）上进行。

A. 任何位置　B. 同一位置　C. 机床　D. 电脑

106. 加工前必须检查工作液的质量，调整工作液的上下（　）。

A. 压力　B. 流量　C. 导热性　D. 导电性

107. 以下（　）mm 档线性尺寸精度可用游标卡尺检测。

A. 0.01　B. 0.04　C. 0.005　D. 0.008

108. 以下（　）mm 档线性尺寸的精度选用外径千分尺检测较合理。

A. 0.08　B. 0.1　C. 0.005　D. 0.06

109. 圆形工件的圆度、同轴度，平面的（　）可用百分表来检测。

A. 垂直度　B. 平面度　C. 表面粗糙度　D. 精度

110. 测量某一轴径，直径为 15.36 mm（公差为 0～0.01 mm），下列量具中，应选用（　）。

A. 游标卡尺　B. 外径千分尺　C. 百分表　D. 内径千分尺

111. 找正时感知表面要干净，电极丝上不得有残留的工作液，以免影响定位（　）。

A. 精度　B. 垂直　C. 基准　D. 平面

112. 量具、量仪用后应放置在（　）中。

A. 专用保护盒　B. 强磁场　C. 高温箱　D. 溶液

113. 带动（　）轴向下运动的动作称为该轴的负方向运动。

A. *X*　B. *Y*　C. *Z*　D. *U*

114. 电火花成形加工工作液，通常采用（　）。

A. 煤油　B. 乳化液　C. 去离子水　D. 蒸馏水

115. 电火花成形机“镜面加工”的工作液是（　）。

A. 蒸馏水　B. 乳化液　C. 煤油　D. 混粉加工液

116. 用单质铜元素，纯度超过（　）以上的材质制成的电极称为紫铜电极。

A. 99%　B. 97%　C. 95%　D. 90%

117. 银钨合金电极在加工中（　）。

A. 损耗大　B. 损耗较大　C. 没损耗　D. 损耗小

118. 下列指令中，（　）是程序完成指令。

A. M00　B. M02　C. M04　D. M05

119. 下列指令中，（　）是接触感知指令。

A. G80　B. G81　C. G90　D. G91

120. 初始加工条件选择原则是，加工效率高、（　）。

A. 电极损耗小　B. 电流小

C. 脉冲放电时间短　D. 脉冲间隔时间长

121. “G01 Z−5.0 M04;”表示G01是（　）插补加工。

A. 顺圆　B. 逆圆　C. 直线　D. 曲线

122. 下述程序中输入错误的是（　）。

A. G00 G90 G54 XYZ1.0　B. G01 Z−30；M04

C. G92 X0 Y0 Z0　D. G01−5.0

123. 下述程序中正确的是（　）。

A. G01 Z−1.0 M04　B. G01 ZY−30. M04

C. G0220　D. G0330

124. 某零件图样上标注的加工深度为（5.00±0.02）mm，则加工深度应按（　）

mm 设定。

A. 4.96　B. 4.98　C. 5.00　D. 5.02

125. 较为复杂的精密型腔表面，可根据型腔的几何形状把电极分解成主型腔电极和副型腔电极，采用分别加工，这样有利于改善加工表面质量和（　　）。

A. 电极材料　B. 工作液　C. 冲油　D. 提高加工速度

126. 在 Cr12 工件上加工出 25 mm×25 mm，深 5 mm 的型孔，初始加工条件选择为（　　）。

A. C150　B. C100　C. C800　D. C820

127. 对电火花加工零件表面粗糙度影响最大的是（　　）。

A. 加工面积　B. 工件材料　C. 电极材料　D. 单个脉冲能量

128. 编制电火花成形加工程序，可在（　　）中自动生成 NC 程序。

A. 手动模块　B. 加工模块　C. 编程系统　D. 设定模块

129. 执行加工前需要检查（　　）。

A. 电极材料　B. 电极的形状

C. 工作液设置是否合理　D. 工件的材料

130. 电火花成形加工机床关机顺序：先断开（　　）开关，保存所需程序，然后断开电源开关。

A. 动力　B. 暂停　C. 总闸　D. 紧急停止

131. 电极装夹紧固时，特别是对小型电极要注意（　　），不要用力过大。

A. 电极的精度　B. 电极的变形　C. 电极的形状　D. 电极的基准

132. 电极水平基准校正时，必须在（　　）两个方向重复操作，才能保证水平基准校正的正确性。

A. X 和 Y　B. X 和 Z　C. Y 和 Z　D. Z 和 C

133. 工件装夹的位置应考虑（　　）。

A. 机床的极限位置　B. 机床的精度

C. 电极的形状　D. 电极的尺寸

134. Q1510 是外径（　　）方向找中心基准指令。

A. X　　B. Y　　C. Z　　D. U

135. 使工具电极从任意方向与工件相接触，测出端面位置的定位方法称（　　）定位。

A. 端面　　B. 角　　C. 任意三点　　D. 外径

136. 检测工件的两个侧面，确定隅角的位置的定位方法称（　　）。

A. 端面定位　　B. 外径定位　　C. 内径定位　　D. 角定位

137. 常用千分尺测微杆的螺距为（　　）mm。

A. 0.1　　B. 0.2　　C. 0.3　　D. 0.5

138. 百分表的分度值为（　　）mm。

A. 0.01　　B. 0.02　　C. 0.1　　D. 0.2

139. 表面粗糙度的值越小，零件的（　　）。

A. 耐磨性越好　　B. 传动灵敏性越差

C. 加工越容易　　D. 精度越低

140. 对计量器具必须按时地进行擦洗、保养，但它不是（　　）的重要措施。

A. 防止锈蚀　　B. 防止划伤　　C. 防止霉斑　　D. 预防变形

电切削工（五级）理论知识试卷答案

一、判断题（第 1 题～第 60 题。将判断结果填入括号中，正确的填“√”，错误的填“×”。每题 0.5 分，满分 30 分）

1. √　2. ×　3. ×　4. ×　5. ×　6. √　7. ×　8. √　9. √
10. √　11. ×　12. √　13. √　14. ×　15. √　16. √　17. ×　18. ×
19. √　20. ×　21. √　22. √　23. ×　24. ×　25. ×　26. √　27. ×
28. √　29. ×　30. ×　31. √　32. ×　33. ×　34. ×　35. √　36. ×
37. ×　38. ×　39. √　40. √　41. ×　42. ×　43. ×　44. √　45. √
46. ×　47. √　48. √　49. √　50. ×　51. √　52. ×　53. √　54. √
55. √　56. √　57. ×　58. √　59. √　60. √

二、单项选择题（第 1 题～第 140 题。选择一个正确的答案，将相应的字母填入题内的括号中。每题 0.5 分，满分 70 分）

1. B　2. A　3. C　4. B　5. C　6. D　7. A　8. B　9. B
10. A　11. D　12. B　13. B　14. A　15. D　16. B　17. B　18. A
19. B　20. A　21. C　22. D　23. B　24. A　25. C　26. D　27. A
28. A　29. C　30. B　31. D　32. C　33. B　34. D　35. D　36. C
37. A　38. A　39. B　40. C　41. C　42. C　43. C　44. B　45. A
46. D　47. A　48. A　49. A　50. D　51. C　52. A　53. B　54. C
55. A　56. C　57. D　58. D　59. B　60. D　61. D　62. B　63. C
64. C　65. D　66. D　67. C　68. D　69. A　70. D　71. C　72. D
73. A　74. C　75. B　76. A　77. B　78. B　79. A　80. C　81. D
82. D　83. D　84. B　85. B　86. A　87. A　88. C　89. A　90. B
91. B　92. B　93. C　94. D　95. A　96. D　97. A　98. C　99. B
100. A　101. C　102. B　103. B　104. A　105. B　106. B　107. B　108. C

109. B　110. B　111. A　112. A　113. C　114. A　115. D　116. A　117. D
118. B　119. A　120. A　121. C　122. D　123. A　124. D　125. D　126. A
127. D　128. C　129. C　130. A　131. B　132. A　133. A　134. A　135. A
136. D　137. D　138. A　139. A　140. D

第6部分

操作技能考核模拟试卷

电切削工操作技能考核分为两个方向，包括电火花线切割方向和电火花成形方向。其中电火花线切割方向、电火花成形两个方向在考核时由考生自行选择，请根据方向选择相应模拟试卷。

注 意 事 项

1. 考生根据操作技能考核通知单中所列的试题做好考核准备。

2. 请考生仔细阅读试题单中具体考核内容和要求，并按要求完成操作或进行笔答或口答，若有笔答请考生在答题卷上完成。

3. 操作技能考核时要遵守考场纪律，服从考场管理人员指挥，以保证考核安全顺利进行。

注：操作技能鉴定试题评分表及答案是考评员对考生考核过程及考核结果的评分记录表，也是评分依据。

国家职业资格鉴定

电切削工（电火花线切割）（五级）
操作技能考核通知单

姓名：

准考证号：

考核日期：

试题 1

试题代码：1.1.1。

试题名称：凸凹模零件线切割编程。

考核时间：30 min。

配分：40 分。

试题 2

试题代码：2.1.1。

试题名称：凸模零件线切割加工。

考核时间：60 min。

配分：50 分。

试题 3

试题代码：3.1.1。

试题名称：凸模零件测绘。

考核时间：30 min。

配分：10 分。

电切削工（电火花线切割）（五级）操作技能鉴定

试　题　单

试题代码：1.1.1。

试题名称：凸凹模零件线切割编程。

考核时间：30 min。

1. 操作条件

（1）零件图样（图号1.1.1）。

（2）台式计算机。

（3）电火花线切割编程仿真软件。

2. 操作内容

（1）选择穿丝孔、起割点。

（2）设定电参数。

（3）绘制内外形零件图形。

（4）生成内外形零件加工轨迹。

（5）生成和保存内外形零件程序。

3. 操作要求

（1）合理选择穿丝孔位置、起割点。

（2）合理选择加工电参数。

（3）合理使用编程软件，正确绘制零件图形。

（4）按零件图样要求，正确生成零件加工轨迹和程序。

（5）在指定盘建立一文件夹，文件夹名为考生准考证号，考试生成的文件保存至该文件夹。

电切削工（电火花线切割）（五级）操作技能鉴定

图　样

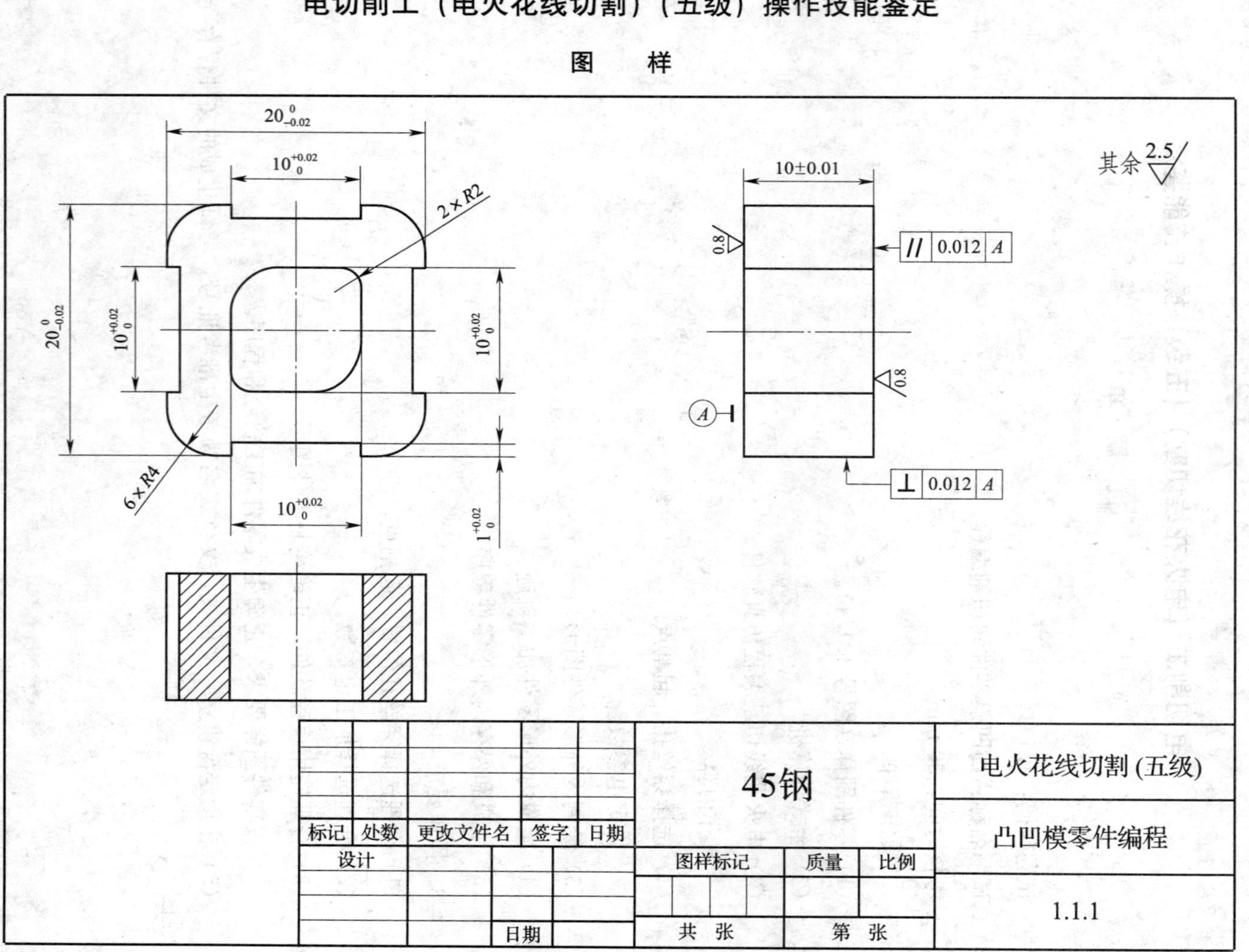

电切削工（电火花线切割）（五级）操作技能鉴定

试题评分表及答案

考生姓名：　　　　　　准考证号：

试题名称及编号				1.1.1 凸凹模零件线切割编程	考核时间					30 min
评价要素		配分	等级	评分细则	评定等级					得分
					A	B	C	D	E	
1	工艺编排	10	A	穿丝孔、起割点、切割次数选择正确						
			B	穿丝孔、起割点、切割次数选择有 1 处不正确						
			C	穿丝孔、起割点、切割次数选择有 2 处不正确						
			D	穿丝孔、起割点、切割次数选择都不正确						
			E	未答题						
2	参数设置	10	A	电参数设定合理、正确						
			B	—						
			C	电参数设定正确，但起始段电参数设定不正确						
			D	电参数设定和起始段电参数设定都不正确						
			E	未答题						
3	CAD 绘图	10	A	内、外形零件绘制正确						
			B	内、外形零件绘制有 1 处不正确						
			C	内、外形零件绘制有 2～3 处不正确						
			D	内、外形零件绘制有 3 处以上不正确						
			E	未答题						

续表

<table>
<tr><td colspan="2">试题名称及编号</td><td colspan="3">1.1.1 凸凹模零件线切割编程</td><td colspan="5">考核时间</td><td>30 min</td></tr>
<tr><td colspan="2" rowspan="2">评价要素</td><td rowspan="2">配分</td><td rowspan="2">等级</td><td rowspan="2">评分细则</td><td colspan="5">评定等级</td><td rowspan="2">得分</td></tr>
<tr><td>A</td><td>B</td><td>C</td><td>D</td><td>E</td></tr>
<tr><td rowspan="5">4</td><td rowspan="5">程序生成</td><td rowspan="5">10</td><td>A</td><td>加工轨迹和程序生成正确</td><td rowspan="5"></td><td rowspan="5"></td><td rowspan="5"></td><td rowspan="5"></td><td rowspan="5"></td><td rowspan="5"></td></tr>
<tr><td>B</td><td>加工轨迹和程序生成有 1 处不正确</td></tr>
<tr><td>C</td><td>加工轨迹和程序生成有 2～3 处不正确</td></tr>
<tr><td>D</td><td>加工轨迹和程序生成有 3 处以上不正确</td></tr>
<tr><td>E</td><td>未答题</td></tr>
<tr><td colspan="2">合计配分</td><td>40</td><td colspan="7">合 计 得 分</td><td></td></tr>
</table>

等级	A（优）	B（良）	C（及格）	D（差）	E（未答题）
比值	1.0	0.8	0.6	0.2	0

"评价要素"得分＝配分×等级比值。

电切削工（电火花线切割）（五级）操作技能鉴定

试　题　单

试题代码：2.1.1。

试题名称：凸模零件线切割加工。

考核时间：60 min。

1. 操作条件

(1) 零件图样（图号 2.1.1）。

(2) 加工设备（CNC 快走丝线切割机床）。

(3) 电极丝、加工坯料、游标卡尺、工具。

(4) 提供的数控程序已在机床中。

2. 操作内容

(1) 程序调用，电参数设置，轨迹模拟加工。

(2) 手动穿丝。

(3) 工件的装夹、校正及定位。

(4) 根据零件图样（图号 2.1.1）和加工程序完成零件加工。

(5) 文明生产和机床清洁。

3. 操作要求

(1) 完成程序调用、电参数设置、轨迹模拟加工步骤。

(2) 完成毛坯装夹、工件校正及定位，并且符合工艺性。

(3) 完成手动穿丝。

(4) 按零件图样（图号 2.1.1）完成零件加工。

(5) 文明操作及安全生产。

电切削工（电火花线切割）（五级）操作技能鉴定

图　样

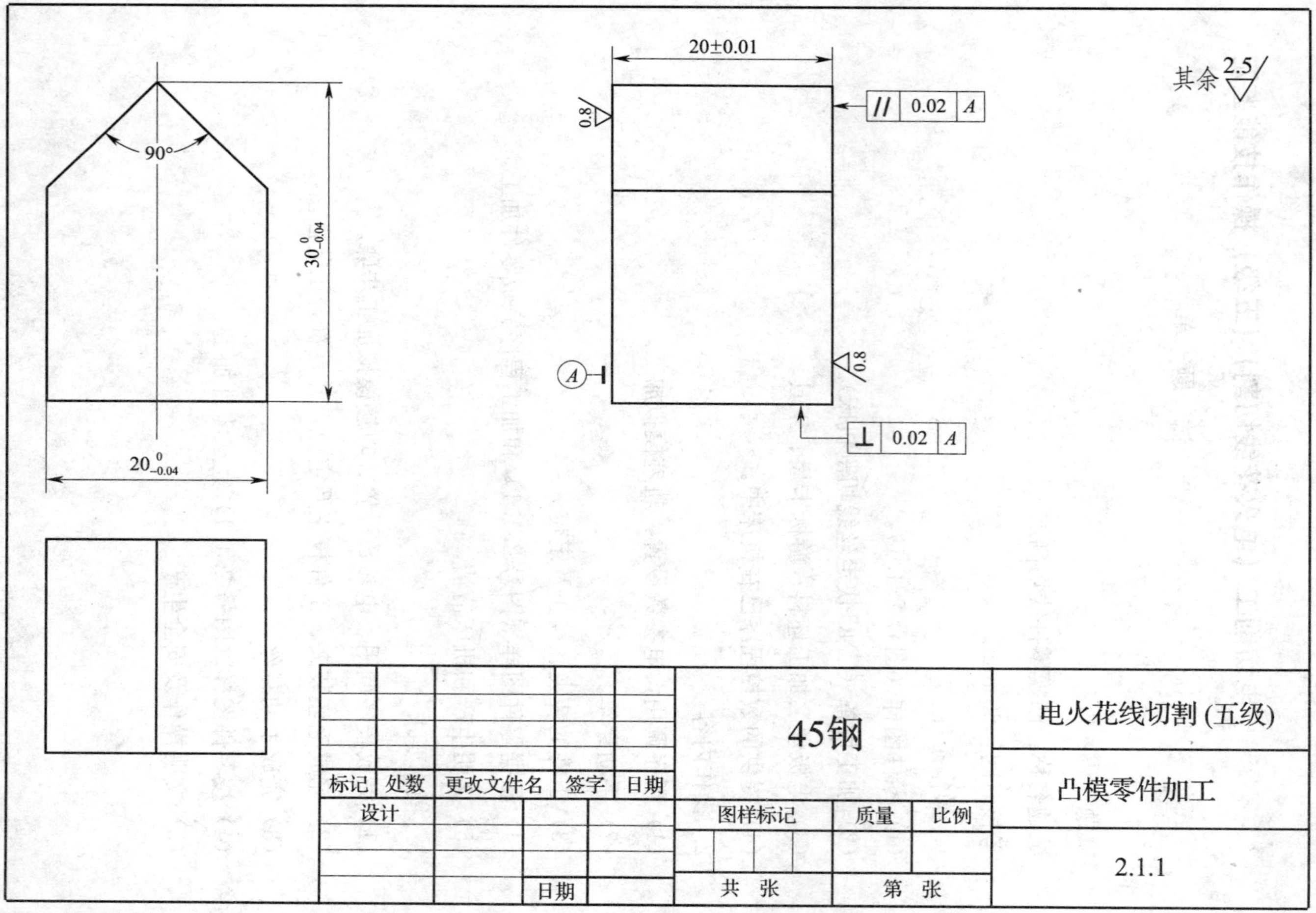

20±0.01

其余 2.5

// 0.02 A

⊥ 0.02 A

0.8

0.8

A

90°

$30^{0}_{-0.04}$

$20^{0}_{-0.04}$

标记	处数	更改文件名	签字	日期	45钢			电火花线切割 (五级)
设计					图样标记	质量	比例	凸模零件加工
			日期		共　张	第　张		2.1.1

电切削工（电火花线切割）（五级）操作技能鉴定

试题评分表及答案

考生姓名：　　　　　　　　准考证号：

试题代码及名称		2.1.1 凸模零件线切割加工			考核时间					60 min
评价要素		配分	等级	评分细则	评定等级					得分
					A	B	C	D	E	
1	电极丝安装、校正	10	A	穿丝、电极丝校正步骤正确						
			B	穿丝和电极丝校正步骤有 1 处不正确						
			C	穿丝和电极丝校正步骤有 2～3 处不正确						
			D	穿丝和电极丝校正步骤有 3 处以上不正确						
			E	未操作						
2	工件装夹、定位	10	A	工件装夹、定位操作正确，完成加工准备						
			B	工件装夹和定位操作有 1 处不正确						
			C	工件装夹和定位操作有 2～3 处不正确						
			D	工件装夹和定位操作有 3 处以上不正确						
			E	未操作						
3	加工调整	5	A	加工中能根据工况正确调整电参数						
			B	加工中未能及时调整电参数，造成 1 次断丝						
			C	加工中未能及时调整电参数，造成 2 次断丝						
			D	加工中未能及时调整电参数，造成 3 次断丝						
			E	未操作						
4	零件质量	20	A	尺寸精度、表面粗糙度符合图样要求						
			B	超差 1 处						

续表

试题代码及名称		2.1.1 凸模零件线切割加工			考核时间					60 min
评价要素		配分	等级	评分细则	评定等级					得分
					A	B	C	D	E	
4	零件质量		C	超差 2 处						
			D	有 3 处及以上超差						
			E	未加工						
5	安全文明	5	A	符合安全操作规范						
			B	—						
			C	工具摆放不规范						
			D	违规操作，工量具损坏						
			E	严重违规，撞机						
合计配分		50	合计得分							

等级	A（优）	B（良）	C（及格）	D（差）	E（未答题）
比值	1.0	0.8	0.6	0.2	0

“评价要素”得分＝配分×等级比值。

电切削工（电火花线切割）（五级）操作技能鉴定

试　题　单

试题代码：3.1.1。

试题名称：凸模零件测绘。

考核时间：30 min。

1. 操作条件

（1）测量工具（游标卡尺、万能角度尺）。

（2）线切割测量件（凸模），如下图所示。

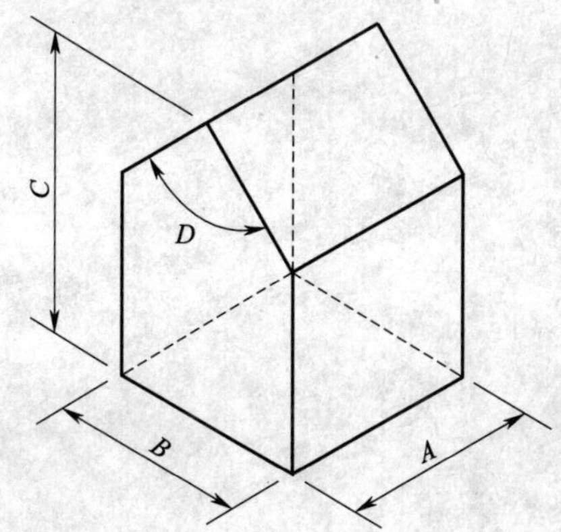

2. 操作内容

（1）使用量具测量零件尺寸。

（2）徒手绘制零件草图。

（3）标注零件尺寸。

3. 操作要求

（1）合理选用量具，正确测量零件尺寸。

（2）根据被测量件，在答题单上徒手绘制零件三视草图。

（3）根据三维立体图上标明的要求，在三视草图上标注（*A*、*B*、*C*、*D*）零件尺寸，公差为±0.04 mm，角度误差为±1°。

电切削工（电火花线切割）（五级）操作技能鉴定

答 题 卷

考生姓名： 准考证号：

试题代码：3.1.1。

试题名称：凸模零件测绘。

考核时间：30 min。

根据试题单要求测量零件，绘制三视草图，标注尺寸。

电切削工（电火花线切割）（五级）操作技能鉴定

试题评分表及答案

考生姓名：　　　　　准考证号：

试题代码及名称		3.1.1 凸模零件测绘			考核时间					30 min
评价要素		配分	等级	评分细则	评定等级					得分
					A	B	C	D	E	
1	零件检测	5	A	检测零件尺寸完全正确						
			B	1 处检测不正确						
			C	2 处检测不正确						
			D	3 处检测不正确						
			E	未答题						
2	草图绘制	3	A	草图绘制正确						
			B	草图绘制有 1 处不正确						
			C	草图绘制有 2～3 处不正确						
			D	草图绘制有 3 处以上不正确						
			E	未答题						
3	尺寸标注	2	A	尺寸标注正确						
			B	尺寸标注有 1 处不正确						
			C	尺寸标注有 2 处不正确						
			D	尺寸标注有 3 处及以上不正确						
			E	未答题						
合计配分		10	合 计 得 分							

等级	A（优）	B（良）	C（及格）	D（差）	E（未答题）
比值	1.0	0.8	0.6	0.2	0

“评价要素”得分＝配分×等级比值。

国家职业资格鉴定

电切削工（电火花成形）（五级）

操作技能考核通知单

姓名：

准考证号：

考核日期：

试题 1

试题代码：1.1.1。

试题名称：单型腔零件加工程序编制。

考核时间：30 min。

配分：40 分。

试题 2

试题代码：2.1.1。

试题名称：单型腔零件加工。

考核时间：60 min。

配分：50 分。

试题 3

试题代码：3.1.1。

试题名称：单型腔零件测绘。

考核时间：30 min。

配分：10 分。

电切削工（电火花成形）（五级）操作技能鉴定

试　题　单

试题代码：1.1.1。

试题名称：单型腔零件加工程序编制。

考核时间：30 min。

1. 操作条件

（1）零件图样（图号 1.1.1）。

（2）台式计算机。

（3）Microsoft Word 办公软件。

2. 操作内容

（1）计算进给量、平动量。

（2）选择摇动模式。

（3）选择加工条件。

（4）运用数控指令。

（5）编制与保存单型腔零件加工程序。

3. 操作要求

（1）正确计算投影面积、进给量、平动量。

（2）完成摇动模式选择。

（3）完成位置模式、条件模式选择。

（4）正确运用数控指令。

（5）完成单型腔零件加工程序编制。

（6）在指定盘建立一文件夹，文件夹名为考生准考证号，考试生成的文件保存至该文件夹。

加工条件表（Cu－St 无损耗加工）（1. 1. 1—1. 1. 15）

加工条件	峰值电流 I_P	表面粗糙度 R_{max}（$R_{max}=4R_a$）（μm）	减寸量（μm）		
			α	β	γ
C100	1	6	10	30	50
C110	2	12	15	60	80
C120	3	17	30	70	90
C130	4	26	60	90	110
C140	5	32	70	110	130
C150	6	36	80	120	160
C160	7	40	90	160	200

电切削工（电火花成形）（五级）操作技能鉴定

图　样

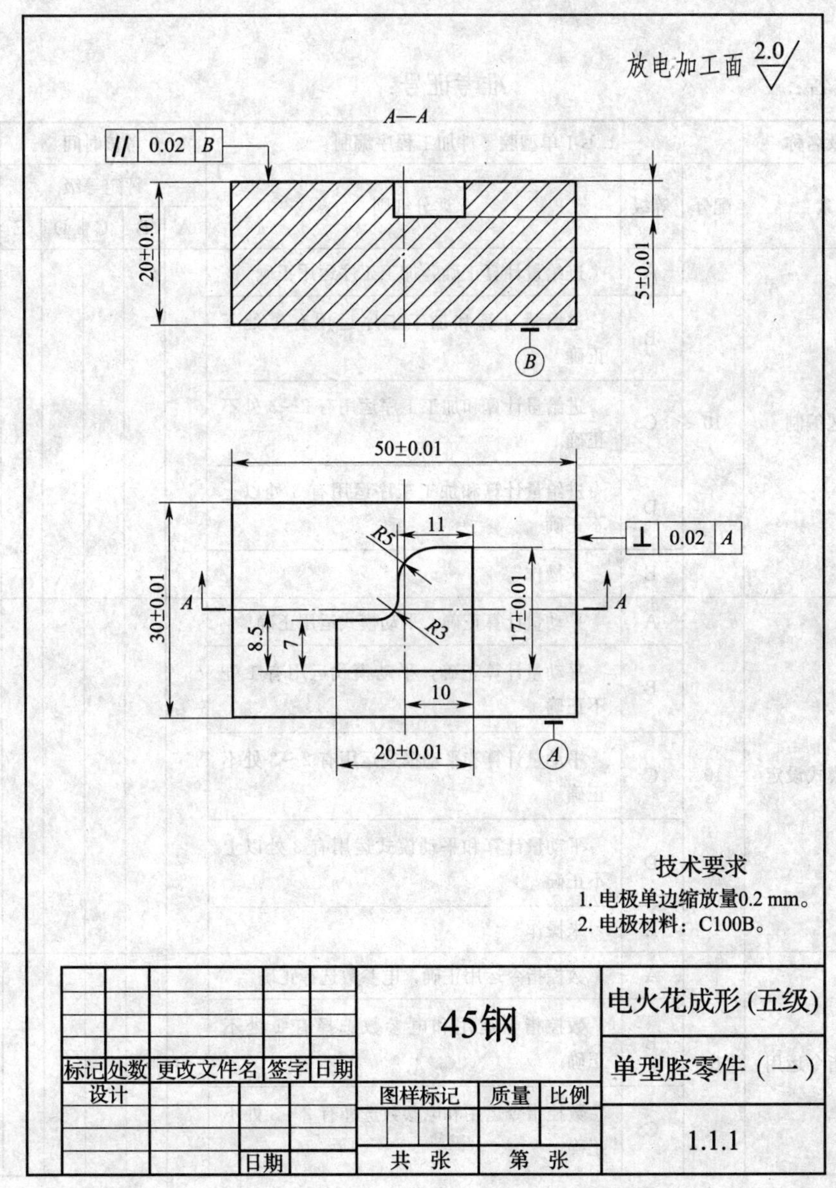

电切削工（电火花成形）（五级）操作技能鉴定

试题评分表及答案

考生姓名：　　　　　　　　　准考证号：

试题代码及名称		1.1.1 单型腔零件加工程序编制			考核时间					30 min
评价要素		配分	等级	评分细则	评定等级					得分
					A	B	C	D	E	
1	工艺编制	10	A	进给量计算正确，加工工序运用正确						
			B	进给量计算和加工工序运用有 1 处不正确						
			C	进给量计算和加工工序运用有 2～3 处不正确						
			D	进给量计算和加工工序运用有 3 处以上不正确						
			E	未操作						
2	摇动模式设定	10	A	平动量计算正确，平动模式运用正确						
			B	平动量计算正确，平动模式运用有 1 处不正确						
			C	平动量计算和平动模式运用有 2～3 处不正确						
			D	平动量计算和平动模式运用有 3 处以上不正确						
			E	未操作						
3	数控指令运用	10	A	数控指令运用正确，电参数选择正确						
			B	数控指令运用和电参数选择有 1 处不正确						
			C	数控指令运用和电参数选择有 2～3 处不正确						

续表

试题代码及名称		1.1.1单型腔零件加工程序编制			考核时间					30 min
评价要素		配分	等级	评分细则	评定等级					得分
					A	B	C	D	E	
3	数控指令运用		D	数控指令运用和电参数选择有3处以上不正确						
			E	未操作						
4	程序编制	10	A	程序编制正确						
			B	程序编制有1处不正确						
			C	程序编制有2～3处不正确						
			D	程序编制有3处以上不正确						
			E	未操作						
合计配分		40	合计得分							

等级	A（优）	B（良）	C（及格）	D（差）	E（未答题）
比值	1.0	0.8	0.6	0.2	0

“评价要素”得分＝配分×等级比值。

电切削工（电火花成形）（五级）操作技能鉴定

试 题 单

试题代码：2.1.1。

试题名称：单型腔零件加工。

考核时间：60 min。

1. 操作条件

（1）零件图样（图号 2.1.1）。

（2）加工设备（CNC 电火花成形机床）。

（3）电极、加工坯料、量具、工具。

（4）提供的数控程序已在机床中。

2. 操作内容

（1）程序调用，电参数设置，模拟加工。

（2）工件和电极的装夹、校正及定位。

（3）根据零件图样（图号 2.1.1）和加工程序完成零件加工。

（4）文明生产和机床清洁。

3. 操作要求

（1）完成程序调用、电参数设置、模拟加工。

（2）完成电极的安装、校正。

（3）完成工件装夹、校正及定位，并且符合工艺性。

（4）加工中能正确调整电参数，加工出合格的产品。

（5）文明操作及安全生产。

电切削工（电火花成形）（五级）操作技能鉴定

图　样

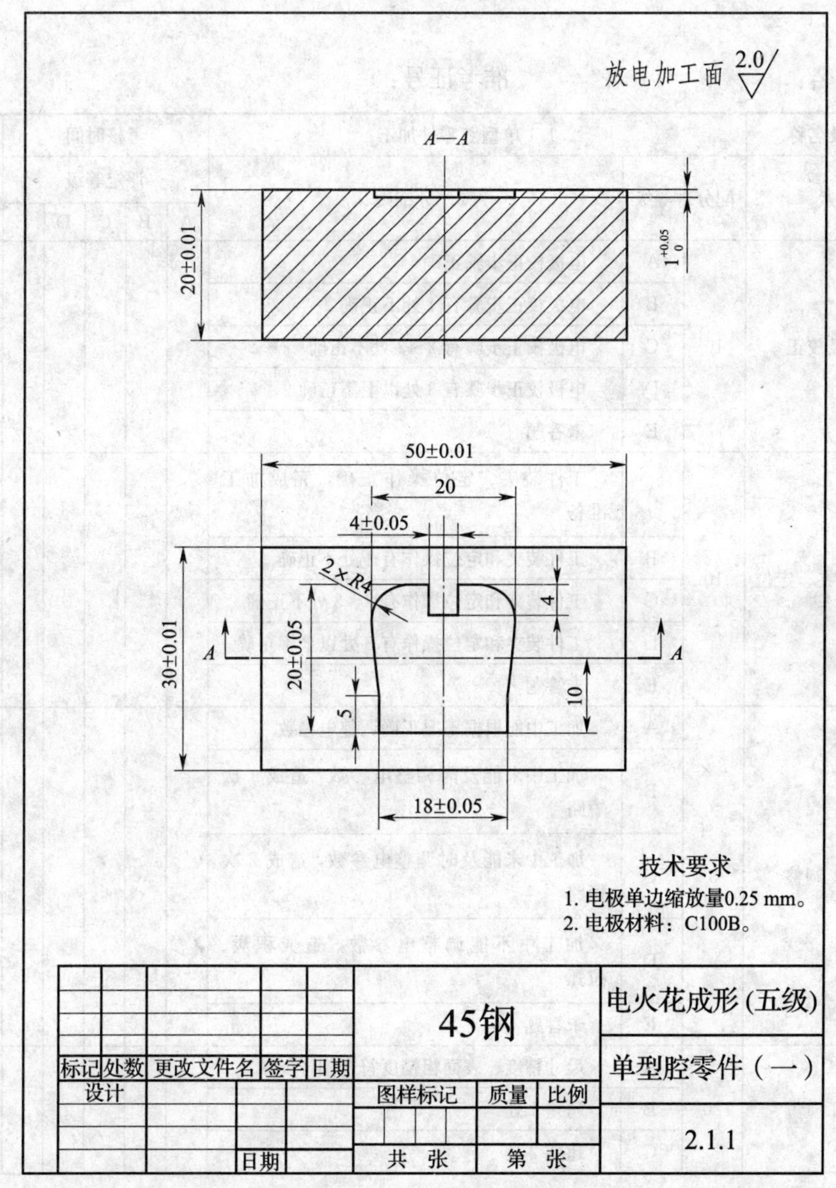

电切削工（电火花成形）（五级）操作技能鉴定

试题评分表及答案

考生姓名：　　　　　　　　准考证号：

试题代码及名称		2.1.1 单型腔零件加工			考核时间					60 min
评价要素		配分	等级	评分细则	评定等级					得分
					A	B	C	D	E	
1	电极校正	10	A	电极校正步骤正确						
			B	电极校正步骤有 1 处不正确						
			C	电极校正步骤有 2～3 处不正确						
			D	电极校正步骤有 3 处以上不正确						
			E	未答题						
2	工件装夹、定位	10	A	工件装夹、定位操作正确，完成加工准备						
			B	工件装夹和定位操作有 1 处不正确						
			C	工件装夹和定位操作有 2～3 处不正确						
			D	工件装夹和定位操作有 3 处以上不正确						
			E	未答题						
3	加工调整	5	A	加工中能根据工况正确调整电参数						
			B	加工中未能及时调整电参数，造成 1 次短路						
			C	加工中未能及时调整电参数，造成 2 次短路						
			D	加工中不能调整电参数，造成积炭、拉弧						
			E	未答题						
4	加工质量	20	A	尺寸精度、表面粗糙度符合图样要求						
			B	超差 1 处						
			C	超差 2 处						

续表

试题代码及名称		2.1.1单型腔零件加工			考核时间					60 min
评价要素		配分	等级	评分细则	评定等级					得分
					A	B	C	D	E	
4	加工质量		D	有3处及以上超差						
			E	未答题						
5	安全文明	5	A	符合安全操作规范						
			B	—						
			C	工具摆放不规范						
			D	违规操作，工量具损坏						
			E	严重违规，撞机						
合计配分		50	合计得分							

等级	A（优）	B（良）	C（及格）	D（差）	E（未答题）
比值	1.0	0.8	0.6	0.2	0

“评价要素”得分＝配分×等级比值。

电切削工（电火花成形）（五级）操作技能鉴定

试 题 单

试题代码：3.1.1。

试题名称：单型腔零件测绘。

考核时间：30 min。

1. 操作条件

（1）测量工具（游标卡尺、千分尺、深度尺）。

（2）电脉冲测量件（单型腔零件），如下图所示。

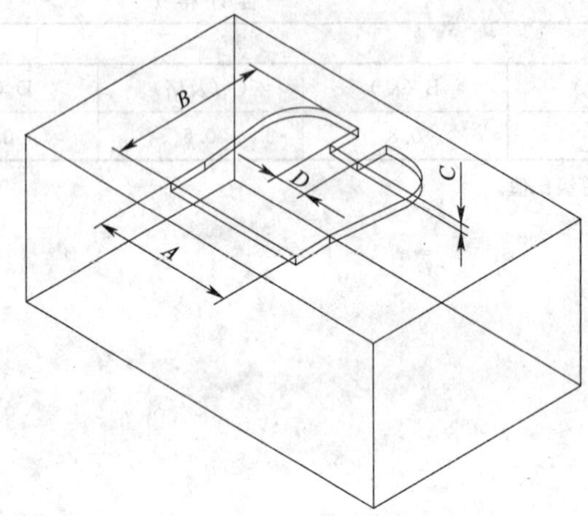

2. 操作内容

（1）使用量具测量零件尺寸。

（2）绘制零件草图。

（3）标注零件尺寸。

3. 操作要求

（1）合理选用量具，正确测量零件尺寸。

（2）根据被测量件，在答题单上徒手绘制零件三视草图。

（3）根据三维立体图上标明的要求，在三视草图上标注（A、B、C、D）零件尺寸，公差为±0.05 mm。

电切削工（电火花成形）（五级）操作技能鉴定

答　题　卷

考生姓名：　　　　　　　　　　　　准考证号：

试题代码：3.1.1。

试题名称：单型腔零件测绘。

考核时间：30 min。

根据试题单要求测量零件，绘制三视草图，标注尺寸。

电切削工（电火花成形）（五级）操作技能鉴定

试题评分表及答案

考生姓名：　　　　　　　　　　准考证号：

<table>
<tr><td colspan="2">试题代码及名称</td><td colspan="3">3.1.1 单型腔零件测绘</td><td colspan="5">考核时间</td><td>30 min</td></tr>
<tr><td colspan="2" rowspan="2">评价要素</td><td rowspan="2">配分</td><td rowspan="2">等级</td><td rowspan="2">评分细则</td><td colspan="5">评定等级</td><td rowspan="2">得分</td></tr>
<tr><td>A</td><td>B</td><td>C</td><td>D</td><td>E</td></tr>
<tr><td rowspan="5">1</td><td rowspan="5">零件检测</td><td rowspan="5">5</td><td>A</td><td>检测零件尺寸完全正确</td><td rowspan="5"></td><td rowspan="5"></td><td rowspan="5"></td><td rowspan="5"></td><td rowspan="5"></td><td rowspan="5"></td></tr>
<tr><td>B</td><td>1 处检测不正确</td></tr>
<tr><td>C</td><td>2 处检测不正确</td></tr>
<tr><td>D</td><td>3 处及以上检测不正确</td></tr>
<tr><td>E</td><td>未答题</td></tr>
<tr><td rowspan="5">2</td><td rowspan="5">草图绘制</td><td rowspan="5">3</td><td>A</td><td>草图绘制正确</td><td rowspan="5"></td><td rowspan="5"></td><td rowspan="5"></td><td rowspan="5"></td><td rowspan="5"></td><td rowspan="5"></td></tr>
<tr><td>B</td><td>草图绘制有 1 处不正确</td></tr>
<tr><td>C</td><td>草图绘制有 2～3 处不正确</td></tr>
<tr><td>D</td><td>草图绘制有 3 处以上不正确</td></tr>
<tr><td>E</td><td>未答题</td></tr>
<tr><td rowspan="5">3</td><td rowspan="5">尺寸标注</td><td rowspan="5">2</td><td>A</td><td>尺寸标注正确</td><td rowspan="5"></td><td rowspan="5"></td><td rowspan="5"></td><td rowspan="5"></td><td rowspan="5"></td><td rowspan="5"></td></tr>
<tr><td>B</td><td>尺寸标注有 1 处不正确</td></tr>
<tr><td>C</td><td>尺寸标注有 2 处不正确</td></tr>
<tr><td>D</td><td>尺寸标注有 3 处及以上不正确</td></tr>
<tr><td>E</td><td>未答题</td></tr>
<tr><td colspan="2">合计配分</td><td>10</td><td colspan="7">合 计 得 分</td><td></td></tr>
</table>

等级	A（优）	B（良）	C（及格）	D（差）	E（未答题）
比值	1.0	0.8	0.6	0.2	0

“评价要素”得分＝配分×等级比值。